现代园林绿化实用技术丛书

草坪建植与养护技术

徐凌彦 ◉ 主编
刘琴 赵燕 ◉ 副主编

CAOPING JIANZHI YU YANGHU JISHU

化学工业出版社
·北京·

本书系统地介绍了草坪建植与养护技术及草坪应用和不同类型草坪草的管理技术。内容包括园林绿化草坪简介、绿化草坪建植工程、草坪养护管理、园林绿化草坪保护、几种常见园林草坪的建植与养护。本书既有必要的理论知识基础，又有丰富的实践经验；突出了草坪建植与养护技术的适用性和可操作性，同时融入了当前草坪生产的新知识和新技术。本书可供农林院校师生教学使用，也适宜园林绿化草坪生产经营管理人员及爱好者阅读。

图书在版编目（CIP）数据

草坪建植与养护技术/徐凌彦主编．—北京：化学工业出版社，2015.10（2024.2重印）
（现代园林绿化实用技术丛书）
ISBN 978-7-122-25034-6

Ⅰ.①草…　Ⅱ.①徐…　Ⅲ.①草坪-观赏园艺
Ⅳ.①S688.4

中国版本图书馆CIP数据核字（2015）第204479号

责任编辑：曹家鸿　漆艳萍　　　　装帧设计：韩　飞
责任校对：蒋　宇

出版发行：化学工业出版社（北京市东城区青年湖南街13号　邮政编码100011）
印　　装：北京盛通数码印刷有限公司
850mm×1168mm　1/32　印张7　字数168千字
2024年2月北京第1版第8次印刷

购书咨询：010-64518888
售后服务：010-64518899
网　　址：http://www.cip.com.cn
凡购买本书，如有缺损质量问题，本社销售中心负责调换。

定　　价：25.00元　

编写人员名单

主　　编　徐凌彦

副 主 编　刘　琴　赵　燕

编写人员　徐凌彦　刘　琴　赵　燕　刘　亮
　　　　　文　霞　何　桥　李　友　蔡　东

前言

草坪有净化空气、保持水土、绿化与美化环境等作用。当今世界各国都非常重视城市草坪的建设，近年来，国际上还将草坪覆盖面积作为衡量城市现代化程度的重要标志之一。

随着我国城市化进程的加快和园林建设的发展，草坪在园林上的应用越来越广泛，无论是公园、风景区的建设，还是街道、广场、小区、庭院的绿化;而且在防护林、风景林和运动场、球场的建设，甚至在公路、高速路及山体、水体的边坡防护上，都少不了草坪的应用，通过草坪与地形、水体、建筑、道路、广场、园林小品及其他植物配合使用，发挥草坪在园林当中所特有的作用。草坪草的运用，是城市绿地中十分重要且不可缺少的一个环节，是衡量现代化城市绿地水平的标志，对人类的环境起到美化、保护和改善的作用。世界上一些绿化好、环保效应好的城市，大多有宽阔的优质草坪及各色地被植物，它们大大地提高了现代化城市的园林水平。

除了在景观中的运用外，草坪还运用在人们生活的方方面面，比如运动场草坪、防护性草坪等。虽然草坪在我们的生产和生活中起到了重要的作用，但对草坪的养护管理工作却明显滞后，尤其是管理养护人员的缺乏特别突出。

我国草坪业正步入大规模发展的新时期，草坪面积在绿地中的比例越来越大，迫切需要既有一定理论基础，又有较强专业技能的草坪生产、经营和管理的应用型技术人才。本书详细地阐述了园林绿化草坪的栽培技术和分成不同用途的草坪草的养护技术。本书可供农林院校师生教学使用，也适于园林绿化草坪生产经营管理人员及爱好者阅读。

由于编者水平有限，不妥之处在所难免，望广大读者朋友批评指正。

编者

目 录
CONTENTS

第1章 园林绿化草坪概述 1

第1章 园林绿化草坪概述

任务提出

掌握草坪的概念；掌握草坪在园林上的用途，识别不同类型的草坪；根据草坪草的形态特征正确识别不同种类草坪草；熟练掌握草坪草生态习性和使用特点。

任务分析

(1) 草坪通过提高环境的质量和改善大自然的原有面貌，为人们提供一种新的生活方式，以服务和观赏功能奉献人类，对人类赖以生存的环境起到美化、保护和改善的良好作用，堪称“文明生活的象征，游览休假的乐园，生态环境的卫士，运动健儿的摇篮”。草坪在园林已经广泛应用。

(2) 正确识别草坪草是进行草坪生产的基础、根据草坪草的生态习性、栽培特点、使用特点选择适合的草坪草是草坪建植成功的关键。

技能目标：能够识别同类型的草坪；正确识别常见草坪草。

知识目标：了解草坪的概念，草坪在园林上的应用；掌握草坪草的形态特征、生态习性、栽培特点、使用特点。

1.1 园林绿化草坪简介

人类利用草坪最早始于天然草地，人工草坪起源于天然草地，草坪植物则起源于天然嫩草。人类对草坪的认识也是随着时代的发展而不断提高的。随着社会的不断进步，人们精神文明和物质文明程度的提高，草坪作为现代文明的象征被广泛应用，不但发挥着显著的生态效益，而且在园林绿化和其他方面的重要作用日趋突出，它是园林绿化的三大植物（花卉、树木、草坪）之一 。草坪起源于中国，中国有着悠久的草坪史。而草坪发展于欧洲，真正兴起于美洲，是绿化美化西方园林最主要的造景材料。在美国，草坪业与通信业、汽车业一样是十大产业之一。

1.1.1 园林绿化草坪概念

(1) 自然意义上的草坪　众所周知，草坪是日常生活中随处可见、存在极其普遍的一种绿色。古时的人们在眺望草坪时，就认识到了这种绿色植物的有用之处。草坪，顾名思义，就是草本植物生长的场所，也是它们表现出来的状态。草坪的原意是指能在自然的山川野岭、道路两旁等处见到的低矮的草原。由此可见，草坪本指能在自然界中见到的草本植物的繁殖场所。总之，这些定义都是指自然状态下的草坪。存在于草坪中的“草”是草坪草的通称。

(2) 古典意义上的草坪　草坪的概念最早起源于人类开始驯养动物的时期，为了防止家畜走失，在草原畜牧业生产中就产生了跟群放牧或系留放牧的生产方式，这样家畜放牧采食后的草地就首先成为了人类户外活动和从事竞技运动的草坪场地。为此，Falk (1977) 首先提出：“以大面积禾草稀树平原为特征的非洲萨旺那草原的自然景观，很可能是草坪的原型。”这种受保护的草地——草坪，备受城郊和乡镇甚至中心城市的关注。

(3) 现代意义上的草坪　现代意义上的草坪，是指由自然成活

的禾草所组成的绿地，或指由人工建植的绿草地。依据哈尔兰（Harlan，1956）的观点，天然禾草大约产生于白垩纪和早第三纪地质时期，即距现在约有7000万年。这个论断已被从下中新世到近中新世的草原植物群系的丰富化石的发现所证实，这些化石起源于大草原区。

在现代，在人类对草坪的利用实践中，一般都因考虑到其用途而有意识地进行草坪的人工建植，因此自然状态下的草坪的属性，反而被淡化，充分强调人类对草坪塑造、干预的特性。为此，我国《辞海》一书将草坪定义为："草坪是园林中用人工铺植草皮或播种草籽培养形成的整片绿色地面"。当然，现代的草坪不只局限于园林，它有着像运动场、水土保持地、公路旁、飞机场、工厂、环境保持地、旅游地等那样的广阔天地，但这在一定意义上道出了草坪为人工植被的现代含义。通常是指以禾本科草或其他质地纤细的植被覆盖，并以它们大量的根或匍匐茎充满土壤表层的地被，是由草坪草的地上部分以及根系和表土层构成的整体。草坪的含义是指低矮草类覆盖地表，其根系分布于土壤表层中，相对于立体状态来说，草坪具有更为广阔的平面结构。"草坪"一词通常在科学方面使用，而草地、草原多用来指自然界中平面广阔地生长着草本植物的土地，强调的是土地。不管是自然生长的还是人工建植的，都与人们的生活具有密切关系，能被人们进行多方面的利用。其利用内容，因时代、地域、民族的不同而多种多样。伴随着文明的进步，其利用范围也在扩大，现在，草坪已成为文明国度的人们生活中不可缺少的事物。这种利用范围的扩大，淡化了各个地域和民族对草坪利用形态的特异性，而增加了共同性。现代世界中，各国的草坪利用内容几乎相同的，一般倾向认为，仅仅由于世界各地的水土不同及草坪草的质地（构成草坪草的种类）的差异，造成了维护难易度的差别，影响到了草坪的普及和利用程度。我国是一个多气候国家，古时对草坪的利用并不广泛，主体仅限于园林，直到明清时代以后，由于欧美文化的流入，正规的草坪利用才开始普及和推广。

由上面论述可知，草坪本指自然生长的、在人类生活中具有多方面用途的草地。由于草坪利用的快速发展而导致数量不足，其结果是新的草坪不断建植，这又增加了草坪利用的契机。如此反复，便大大增加了人工建植草坪的数量。如今，人工草坪的利用程度远远高于自然草坪。一提到草坪，人们就会自然联想到人工建植的草坪。由此可见，草坪的概念和内容已经与古代有了显著变化。总结以上内容，草坪概念包含以下三个方面的内容：一是草坪的性质为人工植被，二是其基本的景观特征是低矮的多年生草本植物为主体相对均匀地覆盖地面；三是草坪具有明确的使用目的。

草坪与人类生活相关极其密切，在现代园林绿化中扮演了重要角色，成为不可或缺的绿化内容，越来越引起人们的重视，在美化环境、净化空气方面有着不可代替的作用。绿地草坪是人们生活、工作、学习、劳动、休息、娱乐等环境绿化、美化草坪的总称。

1.1.2　草坪在园林绿化上的应用

随着我国经济的发展、社会的进步，人们对生活环境越来越重视，草坪在园林上的应用越来越广泛，无论是公园、风景区、街道、广场、小区、庭院的绿化，还是防护林、风景林和运动场、球场的建设，甚至在公路、高速路及山体、水体的边坡防护上，都广泛应用草坪。

通过草坪与地形、水体、建筑、道路、广场、园林小品及其他植物配合使用，发挥草坪在园林当中所特有的作用和效果。草坪是城市绿地中十分重要的部分，是衡量一个城市经济发展水平和现代化程度的重要标志。草坪在城市园林中可以作主景、配景、背景、景观过渡。

草坪作主景来使用，一般有以下几种情况。

(1) 作主景在一个较大、较平坦的空间中，为了突出它的开阔、宽广的特点，可以用大面积草坪来布置，同时配上远处的树群加以对比，更能体现空间的开阔。这种方法通常在大型公园、植物园和风景区当中使用。例如，杭州柳浪闻莺大草坪，面积达 35000 米^2，主体草坪空间的宽度达 130 米，而边缘树高与草坪宽度之比为 1∶10，空间感觉辽阔而有气魄。

(2) 草坪布置在四合空间中作主景。最为常用的是在大乔木田合而成的四合空间中，如南京玄武湖公园的梁洲草坪，位于梁洲中央，四面用悬铃木、雪松等高大乔木围绕，形成一个四合空间，而中央草坪则成为这个空间的主景。

(3) 草坪作主景还用于规则式绿地中圆形、方形、三角形等几何图形或其他规则图形的造型。草坪表面整齐，而且在质地、密度、色泽等方面部非常均匀一致，所以最适宜于表现面的特点，各种形状都可以用草坪来表现，而且面积大小比较随意，小到几十平方米，大到几百、几千平方米都可以建植草坪。如许多广场、写字楼前后、停车场都采用不同规则形状的地砖和草坪建成。

草坪在园林布局中作配景来使用是一种较为常用的方法。草坪低矮、整齐、色泽均匀、质地适中，有良好的视觉效果，对地形、水体、建筑及乔木、灌木、园路、小品等园林景观都可以起到非常好的对比与调和、烘托及陪衬的作用和效果。通过与它们的配合使用，使各自特点更加突出，尤其是使作为主景的建筑、植物等景观的特点更加显现出来，起到突出主景的作用。

草坪作背景在园林布局中是常见的应用形式。草坪就是一张绿色的画布，上面绘制各种建筑、峰石、雕塑小品、道路、植物等作主景和配景，构成一幅生机盎然、多姿多彩的风景。草坪作背景，无论在规则式布局，还是在自然式布局当中，都能起到非常好的效果，与构成整体景观的其他景物都非常好地融合到一起，同时起到对比与调和作用。在植物配置当中，草坪作背景的结构更为普遍。

景观特点极为丰富的各种乔木、灌木配置到一起，从造型上、色彩上、体量上都各具特色。草坪就起到一个强烈的背景作用，充分发挥了它开阔、整齐、均一等特点。从对比、调和等方面来突出主景与配景植物的景观特点，形成季相丰富、变化灵活的疏林草地、密林落地等景观。草坪作背景应用的另一个环境就是与花卉相配合。花卉在草坪上的布置，在各种园林绿地中都可以应用。不同色彩的花卉配置在一起，互相衬托，交相辉映，成为主景和配景，绿色草坪作背景加以对比，达到各种美的效果。

当从一种景观过渡到另外一种景观，或由一个景物过渡到另外一个景物时，草坪可以起到衔接和纽带作用。比如从建筑到高大乔木，从建筑到水体，从水体到乔木、灌木，从道路、广场到建筑与乔木、灌木等，都可以用草坪来过渡，既自然又丰富了整体景观的层次和景深，同时也加强了各种景物之间的联系。

1.2 园林绿化草坪分类

1.2.1 按照气候类型分类

（1）冷季型草坪　多用于长江流域附近及以北地区，主要包括紫羊茅、黑麦草、早熟禾、白三叶、剪股颖等种类。

（2）暖季型草坪　多用于长江流域或附近及以南地区，在热带、亚热带及过渡气候带地区分布广泛，主要包括狗牙根、结缕草等。

1.2.2 按草坪组成用途分类

（1）单一草坪　单一草坪是草坪铺设的一种高级形式。一般是指由一种草种中某一品种构成的草坪，它具有高度的一致性和均一性，是建植高级草坪和特种用途草坪的一种特有方式。在我国北方通常用野牛草、瓦巴斯、假俭草等来建植草坪。通常多用无性繁殖

的方法来取得，但最好是用高纯度的种子繁殖建植草坪较为方便。

（2）混合草坪 混合草坪指由统一草种中的几个品种构成的草坪，具有较高的一致性和均一性，同时比单一草坪具有较高的环境适应性和抗性，是高级草坪中养护管理粗放而草坪品质也不低的实用草坪种类，如用匍匐型和直立型剪股颖混合建立的草坪。

（3）混播草坪 混播草坪是以两种以上草坪草混合播种构成的草坪，它可以根据草坪草的生物学特性及功能，根据人们的需要进行合理搭配。如用夏季生长良好和冬季抗寒性强的混播，以延长草坪绿期。用宽叶草种和细叶草种混播，以提高草坪的弹性。用耐践踏性强和耐修建性强的品种混播，以提高草坪的耐磨性。用速生草种和缓生草种混播以提高建植草坪的速度和延长草坪的使用年限。几种草种混合播种，可以使草坪适应差异较大的环境条件，更快地形成草坪和延长草坪使用年限，但缺点是不易获得颜色纯一的草坪。

（4）缀花草坪 缀花草坪是草坪铺设的一种形式。通常是以草坪为背景，间以多年生、观花地被植物。如在草坪上自然点缀种植水仙、石蒜、韭兰、紫花地丁等草本及球根地被，这些宿根花卉的种植数量一般不超过草坪总面积的1/3，分布有疏有密，自然交错，使草坪绿中有艳，时花时草，别有情趣。

1.2.3 按草坪的用途分类

（1）游憩草坪 游憩草坪可开放供人入内休息、散步、游戏等户外活动之用，一般选用细叶、韧性较大、耐踩踏的草种。

（2）观赏草坪 观赏草坪不开放，也不能入内游憩，一般选用颜色碧绿均一、绿色期较长、耐炎热又能抗寒的草种。

（3）运动场草坪 运动场草坪根据不同体育项目的要求选用不同草种，有的要选用草叶细软的草种，有的要选用草叶坚韧的草种，有的要选用地下茎发达的草种。

（4）交通安全草坪　交通安全草坪主要设置在陆路交通沿线，尤其是高速公路两旁，以及飞机场的停机坪上。

（5）保土护坡草坪　保土护坡草坪用以防止水土被冲刷，防止尘土飞扬，主要选用生长迅速、根系发达具有匍匐型的草种。

1.3　园林绿化草坪的作用

草坪深入人类的生活和生产中，对人类赖以生存的环境起着美化、保护和改善的良好作用，堪称“文明生活的象征，游览休假的乐园，生态环境的卫士，运动健儿的摇篮。”成为建设人类物质文明和精神文明的一个组成部分。在人类栖身的生态系统中，草坪的作用大体包括维护大自然的生态平衡、美化人类生活环境和创造景观体现美感三个方面（图 1-1）。

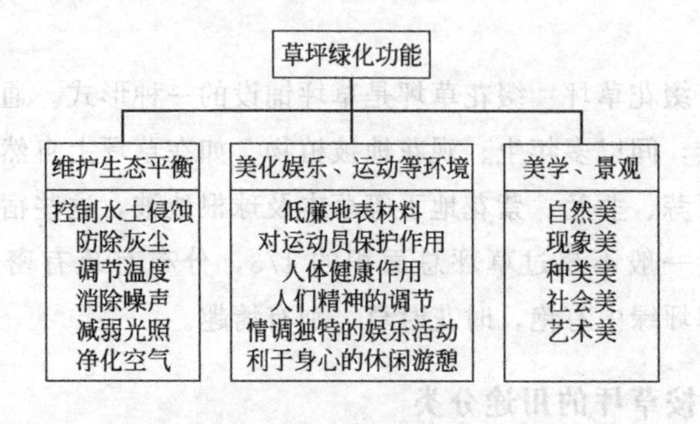

图 1-1　草坪绿化功能

随着近代科学的发展，人们在创造物质文明的同时，人类赖以生存的环境遭到了严重的破坏。沙化严重、气候恶劣、全球变暖、空气质量下降等问题是当前世界环境问题的核心，地球的可居住性日益下降。而草坪正在深入人们的生产和生活之中，对生存环境起着美化、保护和改善的良好作用。它可以净化空气、吸滞尘土、杀菌防病，并具有很强的观赏性和娱乐性。绿色的草坪能减缓太阳的

辐射，保护人们的视力，并能防止噪声、净化水源、保持水土、调节环境小气候。此外，各类运动场草坪也是人类生活不可缺少的场地草坪。20世纪80年代以来，随着我国改革开放事业的深入发展，人们的物质生活和精神生活不断改善，生态条件和环境质量的提高日益引起社会的关注。在人类栖身的生态系统中，草坪起到了重要的作用。草坪已广泛地渗入到人类生活中，成为现代化社会不可分割的组成部分。

1.3.1 美化生活环境

有人曾说："草坪的美不仅是外形的美，而这种美能传到人类的内心，使之心灵美"。这就是说翠绿茵茵的草坪，能给人一个静谧的感觉，能开阔人的心胸，能奔放人的感情，能陶冶人的志趣。绿色毯状的草坪，映衬着五彩缤纷的鲜花，矗立其间的红墙、黄瓦、小白屋，显示出欣欣向荣的城市田园风貌，使人忘记了工作的疲劳、生活中的忧伤，而充满向往新生活的欲望。绿色草坪给人的精神世界予以良好积极的影响。均匀一致的绿色草坪，给人提供一个舒适的娱乐活动和休息的良好场所。一个凉爽、松软的草坪能引起孩子们游戏的兴趣。在公园绿地郊游，家庭聚会、野餐将给人以美的享受。

1.3.2 调节小气候

由于草坪的蒸腾作用和对强光的折射作用，因此草坪可吸收太阳射到地面热量的50%左右。在北京的夏天，当草坪温度为31.8℃时，裸地为40℃，而沥青路面为55℃。另外，对草坪的灌溉也有机械降温的作用。在住宅地建立草坪，能开阔空间，提高建筑物的通风透光机能。与裸地相比，草坪还能显著地增加环境的湿度和减缓地表温度的变幅。炎热的夏天，当水泥地温度高达38℃时，草坪表面温度可保持在24℃，太阳射到地面的热量，约50%

被草坪所吸收。

1.3.3 降低噪声

草坪的叶和直立茎具有良好的吸音效果，能在一定程度上吸收和减弱125～8000赫兹的噪声。乔木、灌木、草结合，宽40米的多层绿地，能减低噪声10～15分贝。根据北京市园林研究所测定，20米宽的草坪，可减噪声2分左右；杭州植物园一块面积250米^2，四周为2～3米高的多层桂花树的草坪，测定结果与同面积的石板路面相比，噪声减量为10分贝。在国外不少飞机场用草坪铺装地面，既可减少飞机场的扬尘，又能减缓噪声和延长发动机寿命。因此，在校园、住宅间为减少噪声，可适当提高草坪的修剪高度，以增强吸音效果。在公园外侧、道路和工厂区，建立缓冲绿带，一方面是覆盖地表，另一方面也有减缓噪声的作用。

1.3.4 净化大气

草坪对大气的净化作用主要表现在草坪草能稀释、分解、吸收、固定大气中的有害和有毒气体，通过光合作用转害为利。据研究，草坪草能把氨、硫化氢合成为蛋白质；能把有毒的硝酸盐氧化成有用的盐类；将二氧化碳转化为氧气。据测定，每千克羊胡子草干叶，每月能吸收4.5克的二氧化硫。据计算，15米×15米面积的草坪，释放的氧气足够满足一家4人的呼吸需要。茂密低矮的草坪，其叶面积为相应地表面积的20～80倍。大片草坪好像一座庞大的天然“吸尘器”，连续不断地接收、吸附、过滤着空气中的尘埃。据北京市环境保护科研所于1975—1976年测定表明，在3～4级风下，裸地空气中的粉尘浓度约为有草坪地空气中粉尘浓度的13倍。草坪足球场近地面的粉尘含量仅为黄土场的1/6～1/3。某些草坪草能分泌一定量的杀菌素。据测定，草坪上空的细菌含量，仅为公共场所的1/30000。因此，草坪是空气的天然净化器。此

外，某些草坪草还能起到环境污染的报警作用，如羊茅能指示空气被锌、铅、镉、铜和镍等污染的程度，因此，草坪还是人类生态环境的清道夫和卫士。

1.3.5 用作运动场和赛场

管理良好的草坪具有良好的地面覆盖，质地均一并具弹性，因此可作高尔夫球、曲棍球、板球、保龄球、足球、橄榄球、马球、滑草等运动场的比赛场地，也可作赛马等大型陆上竞赛的场地。在这种场地上不仅观众和竞赛者观感良好，在一定程度上还能提高竞技成绩和减少比赛者受伤的机会。草坪特有的缓冲效应可以减少竞赛与娱乐活动对参与者的损伤。特别是在对抗性较强的运动中，如足球、橄榄球等。另外，在草坪上跑步，有助于腿部的健康。

1.3.6 保持水土

草坪因具致密的地表覆盖和在表土中有密结的草根层，因而具有良好的防止土壤侵蚀的作用。如有人试验，在30°坡地、200毫米/小时的人工降雨强度下，土壤的侵蚀度当盖度为100%、91%、60%、31%时，相应为0、11%、49%、100%，土壤的侵蚀度依草坪密度的增加而锐减。据研究，不同土地的表层20米厚的土层，被雨水冲刷净所需要的时间，草地为3.2万年，而裸地仅为18年。草坪能明显地减少地表的日温差，因而有效地减轻土壤因“冻胀”而引起的土壤崩落作用。因此，在我国，草皮也常用于梯田、堤岸护坡，收到良好效果。

1.3.7 用作饲料

草坪要定期频繁地修剪才能保持其美丽的外观和良好的弹性，草坪又大多为优良的禾本科牧草，因而修剪下的青草是家畜的良好饲料，发展草坪业可和都市畜牧业结合起来，这在国外有先例，在国内已经有人开始进行这方面的尝试。

1.3.8 形成草坪产业，提供就业机会

随着现代社会的不断发展，人们对生活环境的要求也随之提高。因此，草坪的产业化程度也越来越高。如在美国，草坪业已与航天工业、汽车工业等一同被列为十大产业之一。草坪业的年产值在200亿～400亿美元。草坪业的发达程度可反映出一个国家的经济实力。由此可见，草坪业对社会及国家经济的影响程度。

1.4 园林绿化草坪草概述

人们通常把构成草坪的植物叫做草坪草。草坪草几乎大多是质地纤细、株体低矮的禾本科草类。具体而言，草坪草是指能够形成草皮或草坪，并能耐受定期修剪和人、物使用的一些草本植物品种或种。草坪草大多数为具有扩散生长特征的草茎型和匍匐型禾本科植物，也有一些如马蹄金、白三叶等非禾本科草类。

坪与草坪草是两个不同的概念。草坪草只涉及植物群落，是指作为地面覆盖的草本植物。草坪则代表一个较高水平的生态有机体，它不仅包括草坪草，而且还包括草坪草生长的环境部分。

1.4.1 园林绿化草坪草的概念

人们认为，凡是适宜建植草坪的都可以称做草坪草，但现代草坪主要用禾本科草，而把用于建植草坪的禾本科草称为草坪草。草坪草通常具有以下特性：植株低矮，分蘖能力强，根系强大，耐修剪，耐滚压，耐践踏，繁殖能力强，易于成坪，受损后自我修复能力强，弹性强，软硬适度，叶形较细，色泽浓绿且绿期长；适应性强，易于管理。

草坪草大部分是禾本科草本植物，它们具有以下共同特点。

(1) 草坪草叶多而小，细长且多直立　大多数草坪草为下繁草

营养生长旺盛，营养体主要由叶组成，细小而密生的叶片有利于形成地毯状草坪。直立而细小的叶片有利于光线透射到草坪的下层叶片，因而在高密度时下层叶片也很少发生黄化和枯死的现象。

（2）草坪草的绿色是草坪草最重要的特征之一　优良的草坪草应枝叶翠绿、绿色均一且绿期长，一般优良冷季型草坪草绿色期在200天以上，优良的暖季型草坪草绿色期在250天以上。

（3）草坪草地上部生长点低，并且有坚韧叶鞘的多重保护　这样修剪、滚压和践踏对草坪草的危害小，利于分枝和不定根的生长，而且有利于越冬。

（4）草坪草多为低矮的根茎型　匍匐型或丛生型植物具有旺盛的生命力和繁殖能力，除具备种子繁殖力外，还具备极强的无性繁殖能力。

（5）草坪草的适应能力强，分布范围广，抗逆性好　许多品种对寒冷、干旱、强光、炎热、盐碱、践踏、污染等不良环境具有很强的适应能力，易于管理。

（6）草坪草有一定的弹性，对人畜无害，也不具有不良气味和污染衣物的液汁等不良物质。

1.4.2　园林绿化草坪草的分类

草坪草种类繁多，特性各异，根据一定的标准将众多的草坪草区别开来称为草坪草的分类。

（1）按植物学系统分类　其分类是以植物学上的形态特征为主要分类依据，按照科、属、种、变种来分类，并给予拉丁文形式的命名，如早熟禾（*Poa annua* L.）属禾本科（Poaceae）早熟禾属（*Poa* L）。

① 禾本科草坪草　该类草类植物占草坪草种类的90%以上，植物分类学上分属于羊茅亚科、黍亚科、画眉亚科。常见的有剪股颖属、羊茅属、早熟禾属、黑麦草属和结缕草属。

② 非禾本科草坪草　凡是具有发达的匍匐茎、低矮细密、耐粗放管理、耐践踏、绿期长、易于形成低矮草皮的植物都可以用来铺设草坪，有莎草科、豆科等。

另外，还有其他一些植物，如匍匐马蹄金、沿阶草、百里香、匍匐委陵菜等也可以用作建植园林花坛、观赏型草坪植物和造型。

（2）按照气候与地域分布分类　当你选择草中的哪种类型最适合于你时，你应该首先考虑你要栽植地的气候。你也需要考虑你的草坪一天能得到多少阳光。草坪品种根据其地理分布和对温度条件的适应性，可分为冷季型和暖季型两大类。

① 暖季型草　对干旱和寒冷的抗性较弱，适用于南方地区的草种。暖季型草坪草的最适生长温度为25～35℃，大多起源于热带及亚热带地区，广泛分布于温暖湿润、温暖半湿润和温暖半干旱气候地带，在我国的中部温带地区也有分布。其生长主要受极端低温及其持续时间的限制，主要特点是耐热性强、抗病性好、耐粗放管理，多数种类绿色期较短，色泽淡绿等。可供选择的种类较少，主要包括狗牙根属、结缕草属、画眉草属、野牛草属、地毯草属和假俭草属等十几个属20多个种的近百个品种。根据北方地区的气候特征，其适用的草种有：早熟禾、粗茎早熟禾、加拿大早熟禾、高羊茅、紫羊茅、羊茅、多年生黑麦草、各种剪股颖、白三叶、苔草、野牛草、日本结缕草、中华结缕草、马尼拉草、细叶结缕草、匍匐紫羊茅等。绿地可用以上草种进行单播，也可以几种草种混合播种。

② 冷季型草　对干旱和寒冷的抗性较强，适用于北方地区的草种。冷季型草坪草的最适生长温度为15～25℃，此类草种大多原产于北欧和亚洲的森林边缘地区，广泛分布于凉爽温润、凉爽半温润、凉爽半干旱及过渡带地区。其生长主要受到高温的胁迫；极端气温的持续时间以及干旱环境的制约。就我国的气候条件而言，冷季型草坪草主要分布在我国的东北、西北、华北以及华东、华中

等长江以北的广大地区及长江以南的部分高海拔冷凉地区。它的主要特点是绿色期长、色泽浓绿、管理需要精细等。可供选择的种类较多，包括早熟禾属、羊茅属、黑麦草属、剪股颖属、雀麦属和碱茅属等十几个属40多个种的数百个品种。根据南方地区的气候特征，其适用的草种有早熟禾、粗茎早熟禾、一年生早熟禾、高羊茅、多年生黑麦草、匍匐剪股颖、白三叶、苔草、野牛草、日本结缕草、中华结缕草、大结缕草、马尼拉草、细叶结缕草、狗牙根等。绿地可用以上草种进行单播，也可以用高羊茅、早熟禾和多年生黑麦草几种草种混合播种。

(3) 按草的叶片分类　依据草叶宽度分宽叶草坪草、细叶草坪草。

① 宽叶草坪草　叶宽4毫米以上，其叶宽茎粗，生长强壮，适应性强，使用于较大面积的草坪，如结缕草、地毯草、假俭草、竹节草、高羊茅等。

② 细叶草坪草　叶宽4毫米以下，其茎叶纤细，可形成平坦、均一、细致的草坪，但生长势较弱，要求光照充足、土质条件好，如剪股颖、细叶结缕草、早熟禾、细叶羊茅等。

(4) 按草的植株高度分类

① 低矮型草坪草　植株高度一般在20厘米以下，可以形成低矮致密草坪，具有发达的匍匐茎和根状茎，耐践踏，管理粗放，大多数采取无性繁殖，如野牛草、狗牙根、地毯草等。

② 高型草坪草　植株高度通常在20厘米以上，一般用种子播种繁殖，生长较快，能在短期内形成草坪，适用于建植大面积的草坪，其缺点是需经常修剪才能形成平整的草坪，如高羊茅、黑麦草、早熟禾、剪股颖等。

1.4.3 常见园林绿化草坪草的种类与识别

目前，全球草坪草的栽培技术以高尔夫球场草坪草为代表。草坪草是用多年生矮小草本植株密植，并经修剪的人工草地。18 世纪中期，英国自然风景园中出现大面积草坪。中国近代园林中也出现草坪。它一般设置在屋前、广场、空地和建筑物周围，供观赏、游憩或作运动场地之用。草坪草按用途分为游憩草坪草、观赏草坪草、运动场草坪草、交通安全草坪草和保土护坡草坪草。用于城市和园林中草坪的草本植物主要有结缕草、野牛草、狗牙根草、地毯草、钝叶草、假俭草、黑麦草、早熟禾、剪股颖等。

(1) 暖季型草坪草

① 结缕草（*Zoysia* spp. Willd.）

a. 日本结缕草（*Zoysia japonica* Steud.）又名老虎皮、结缕草。主要分布于中国、朝鲜和日本温暖地带。日本结缕草具有坚韧的地下根茎及地上匍匐茎，茎节上产生不定根，幼叶卷曲形，成熟的叶片革质。种子成熟易脱落，外层附有蜡质保护物，不易发芽，播种前需对种子进行处理以提高发芽率。日本结缕草适应性强，喜光、抗旱、耐高温、耐瘠，在暖季型草坪草中属于抗寒能力较强的种。在－20℃左右能安全越冬，气温 20～25℃生长最盛，30～32℃生长速度减弱，36℃以上生长缓慢或停止生长，但极少出现夏枯现象，秋季高温干燥持续时间长可进入枯萎休眠（图 1-2）。

b. 细叶结缕草（Z. *tenuifolia*）细叶结缕草又名天鹅绒草、台湾草。主要分布于日本及朝鲜南部地区。细叶结缕草是 3 个种中叶片质地最细的种，但不耐寒，主要分布在热带和亚热带环境中（图 1-3）。

通常呈丛状密集生长，茎秆直立纤细。地下根茎和匍匐茎节间短，节上产生不定根。叶片丝状内卷。总状花序顶生，穗轴短于叶片，故常被叶片所覆盖；种子小，成熟时易于脱落，采收困难。多采用营养繁殖。

② 狗牙根（*Cynodon* spp. Rich.）狗牙根又名行义芝、绊根草、爬根草、百慕大等。狗牙根属。狗牙根草具有根茎和匍匐茎，

图 1-2 日本结缕草

匍匐茎的节间长度因品种不同有所变化。芽中叶片折叠，叶舌纤毛状。由于种和品种的差异，叶片质地有粗有细。多年生深根系，可在匍匐茎节上产生不定根和分枝。穗状花序，种子成熟易脱落，具一定的自播能力（图 1-4）。

③ 假俭草［*Eremochloa ophiuroides*（Munrvo）Hack.］ 假

图 1-3　细叶结缕草

俭草又名蜈蚣草，原产于中国南部亚热带地区，主要分布在长江流域以南各地区，中南半岛等地也有分布。膜状叶舌，叶舌顶部有纤毛，是鉴别假俭草的重要特征。叶片宽，叶环紧缩，叶梢与钝叶草相似，但假俭草的叶环有纤毛，叶片下部边缘有毛，有匍匐茎，无根茎。秋冬抽穗开花，总状花序。该草喜光、耐旱，适宜低矮修剪，较细叶结缕草耐阴湿，不耐践踏，需肥量少，是一种最耐粗放管理的草坪草。对土壤要求不严，在排水良好、土层深厚而肥沃的土壤上生长茂盛，在酸性及微碱性土中也能生长。是优良的堤坝护

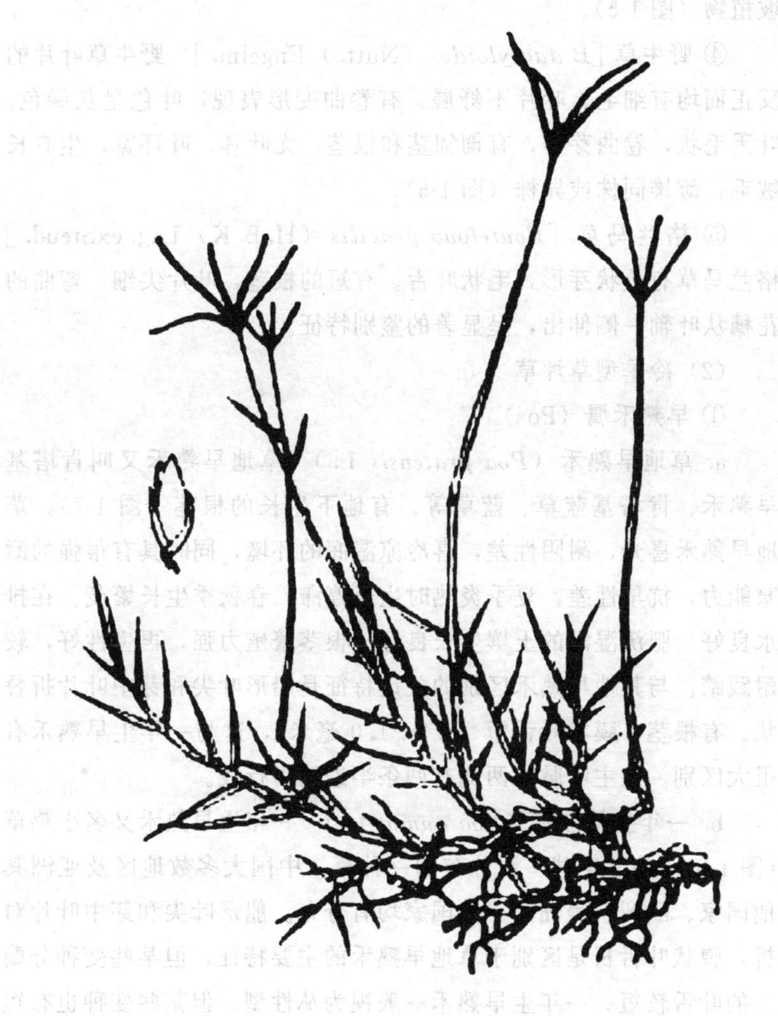

图 1-4 狗牙根

坡植物（图 1-5）。

④ 野牛草［*B dactyloides*（Nutt.）Engelm.］ 野牛草叶片的反正面均有细毛。叶片不舒展，有卷曲变形表现，叶色呈灰绿色。叶舌毛状，卷曲芽形，有匍匐茎和根茎。无叶耳，叶环宽，生有长绒毛；雌雄同株或异株（图 1-6）。

⑤ 格兰马草［*Bouteloua gracilis*（H. B. K）Lag. exSteud.］格兰马草有叠状芽形，毛状叶舌。有短的根茎，叶片尖细。弯曲的花穗从叶轴一侧伸出，呈显著的鉴别特征。

（2）冷季型草坪草

① 早熟禾属（Poa）

a. 草地早熟禾（*Poa pratensis* L.） 草地早熟禾又叫肯塔基早熟禾、肯塔基蓝草、蓝草等。有地下生长的根茎（图 1-7）。草地早熟禾喜光，耐阴性差，喜冷凉湿润的环境，同时具有很强的耐寒能力，抗旱性差，夏季炎热时生长停滞，春秋季生长繁茂。在排水良好、肥沃湿润的土壤生长良好。根茎繁殖力强，再生性好，较耐践踏。与其他早熟禾区别的关键特征是船形叶尖和芽中叶片折叠状。有根茎，膜状叶舌短（0.2～1.0 毫米），这与一年生早熟禾有很大区别。在主叶脉的两侧有两条半透明平行线。

b. 一年生早熟禾（*Poa annua* L.） 一年生早熟禾又名小鸡草（图 1-8）。为北半球广泛分布的一种草，中国大多数地区及亚洲其他国家、欧洲、美洲的一些国家均有分布。船形叶尖和芽中叶片对折，膜状叶舌长是区别于草地早熟禾的主要特征，但某些变种分蘖上的叶舌较短。一年生早熟禾一般视为丛性型，但某些变种也有短的根茎。叶色浅绿，即使在低修剪条件下也经常见到种穗。从技术上讲，一年生早熟禾是杂草，但有时在草坪中最后成了主导草种，还可以管理成良好的草坪草。一年生早熟禾分布广泛，属冬季一年生，夏季常死亡。

c. 粗茎早熟禾（*Poa trivialis* L.） 粗茎早熟禾源于欧洲、北

图 1-5　假俭草

图 1-6　野牛草

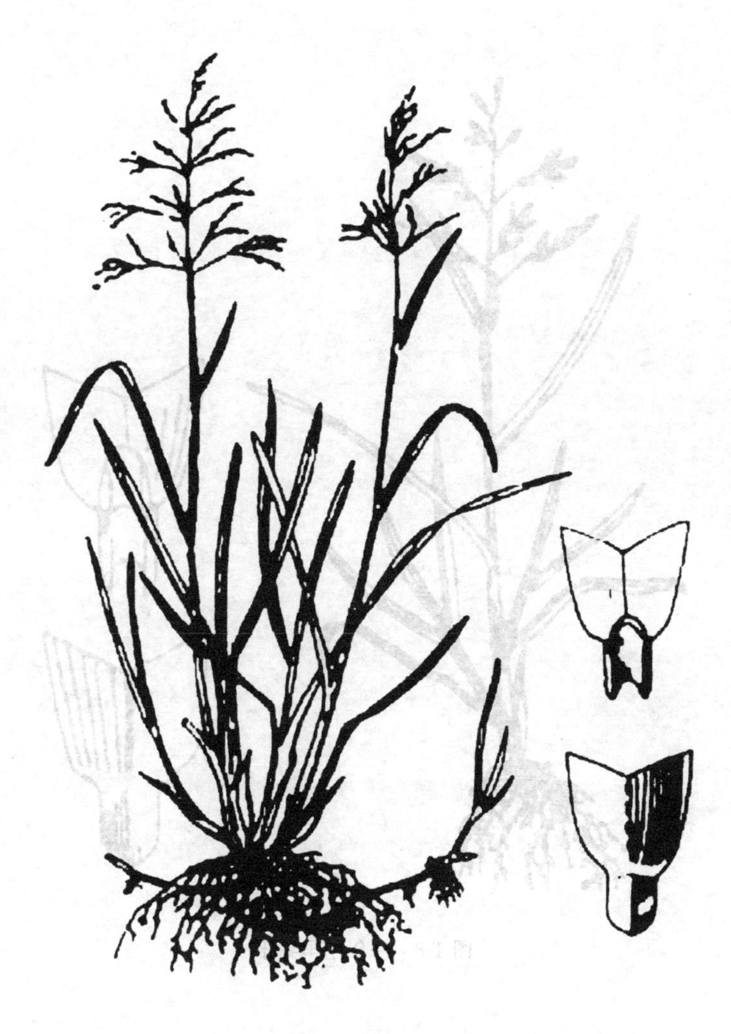

图 1-7　草地早熟禾

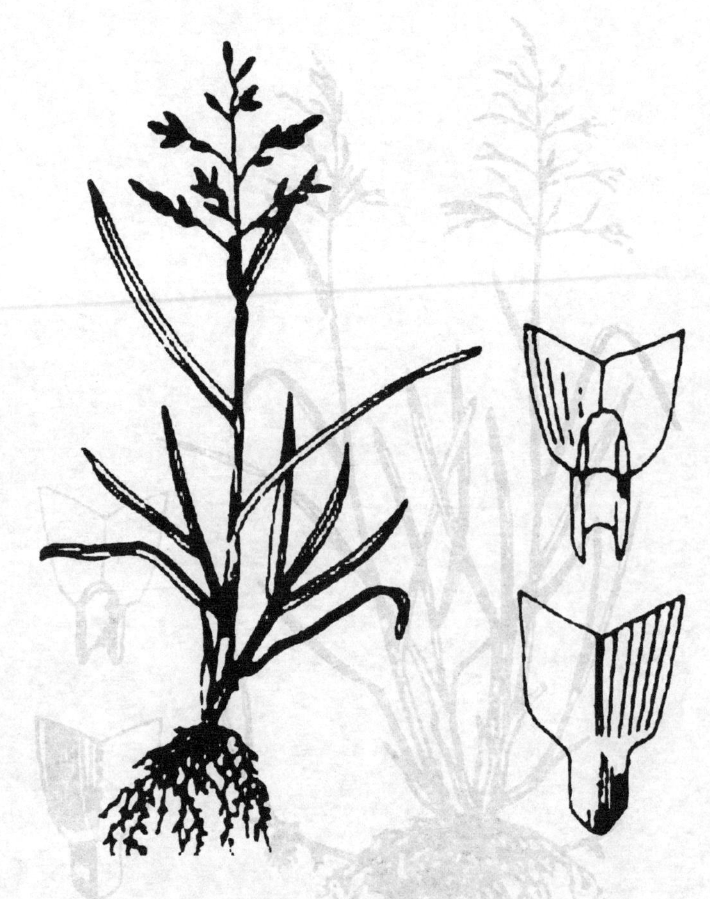

图 1-8　一年生早熟禾

非和亚洲，现广泛分布于湿润地区。粗茎早熟禾质地细、多年生、有匍匐茎，膜状叶舌 2.0～6.0 毫米长，幼叶呈折叠形，成熟的叶片为 V 形或扁平，柔软；叶片的两面都很光滑，在中脉的两旁有两条明线；叶尖呈明显的船形。无叶耳；具有开展的圆锥花序，长 13～20 厘米，分枝下部裸露。适宜湿润、冷凉温带地区，喜湿润肥沃土壤，耐阴，不抗旱，常与草地早熟禾混播，以增加草地早熟禾适应阴面环境（图 1-9）。

图 1-9　粗茎早熟禾

d. 加拿大早熟禾（*Poa compressa* L.）　加拿大早熟禾有扁平、压缩的草茎，船形叶尖，折叠叶芽，膜状叶舌，茎基在夏末可以伸长。有短小根茎，叶色蓝绿，春、夏茎叶坚挺。加拿大早熟禾适应于较干燥、冷凉的气候。形成的草坪粗、质量低，主要用于粗放管理场合的草坪。夏末茎基伸长后可造成草坪质量的退化（图 1-10）。

② 羊茅属（*Festuca* L.）

a. 高羊茅（*Festuca arundinacea* Schreb）　高羊茅芽中叶片呈

图 1-10　加拿大早熟禾

卷曲状，尖形叶尖、叶片质地粗，叶片上面叶脉突出，缺少主脉。叶领较宽，有时呈亮绿色、浅绿色。基部红色或紫色，圆锥花序。普通型有短叶舌和圆形的叶耳，改良型则无这一特征。高羊茅具有显著的抗践踏、抗热、抗干旱能力，同时适度耐阴。缺点是抗冻性稍差，丛状生长，在草坪中常呈丛块状。由于抗冻性能稍差，高羊茅很少用在北方的冷湿带，主要适于南方的冷湿地区、干旱凉爽区以及过渡带。近十年来，高羊茅成了该类地区的重要草坪草类型（图1-11）。

b. 匍匐紫羊茅（*Festuca rubra* L.） 匍匐紫羊茅又名红狐茅，叶鞘基部红棕色，分蘖的叶鞘闭合。幼叶呈折叠形，成熟的叶片宽1.5～3毫米，光滑柔软，对折内卷；叶舌膜质，长0.5毫米，无叶耳。圆锥花序。

c. 丘氏羊茅［*Festuca rubra ssp. fallax*（Thuill.）Nyman］ 丘氏羊茅除了无根茎以外，与匍匐紫羊茅完全相同。幼叶呈管状，叶片成龄后则裂开。丘氏羊茅耐阴性好，但阳面也可，比匍匐紫羊茅抗夏季胁迫方面好一些。尽管无根茎，但草皮质量很好。某些品种在修剪高度2.5厘米、向阳的环境条件下寿命可达10年以上。含内生菌的丘氏羊茅抗性增加，适应范围扩大。

d. 硬羊茅（*Festuca brevipila* Tracey.） 硬羊茅的质地、外观及丛生性与其他细羊茅相同，只有颜色上呈灰蓝色。幼叶鞘呈交叉覆盖形，而丘氏羊茅则是呈管形。硬羊茅同丘氏羊茅相似，更适应于较干旱的环境。但在太湿的年份会变得稀疏。可用于混播增加草坪草的耐阴性。内生菌增强的品种抗性增加。

e. 羊茅（*Festuca* ovina L.） 羊茅一般用于管理粗放的地方，特别是在不修剪的高尔夫球场的边缘和不能修剪的坡地上。外观上同丘氏羊茅和硬羊茅相同，质地细，丛生。叶色上同硬羊茅相似，呈蓝绿色。

（3）剪股颖属（Agrostis L.）

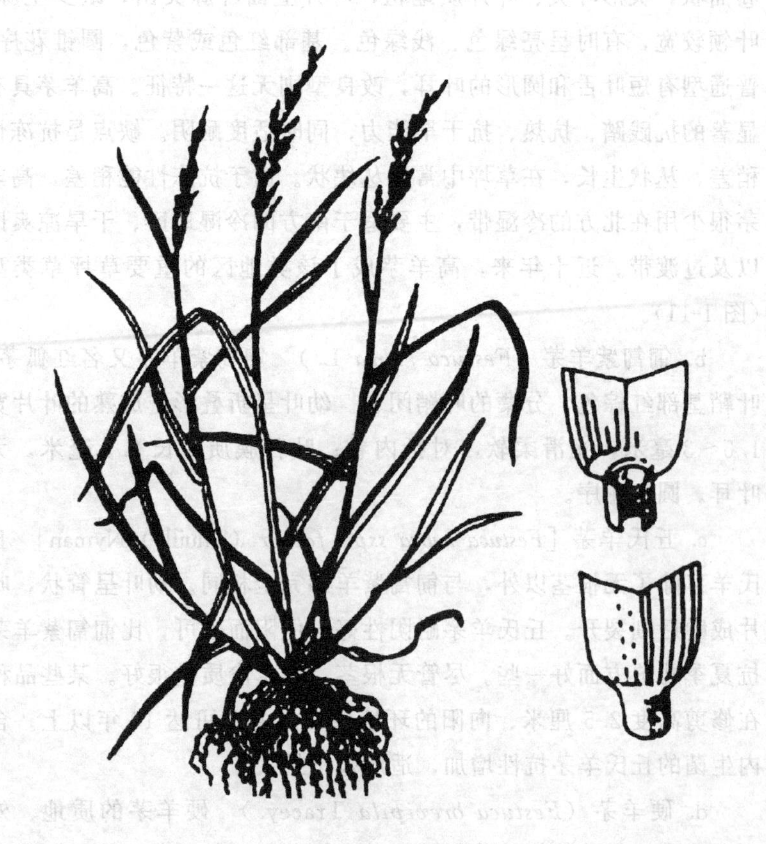

图 1-11　高羊茅

a. 匍匐剪股颖（*A. Palustris* Huds.）　匍匐剪股颖有发达的匍匐茎，叶芽卷曲，尖型叶尖，匍匐茎的节上易生根系。较长膜状叶舌是鉴别的主要特征，叶片的正面叶脉明显。匍匐剪股颖能耐低修剪，修剪高度可低达 3 毫米，在 2.5 毫米高度下能保持草坪覆盖地面。温带地区的所有高尔夫球场果领都用这种草坪草。由于其高质量的草坪表面，在热带气候也逐渐应用。匍匐剪股颖在高尔夫球道和发球区当修剪高度在 1.25 厘米时，可以形成高质量的草坪。

过去的十几年里，冷凉气候区用匍匐剪股颖作球道草坪草的越来越多。

b. 细弱剪股颖（*A. acpillaris* L.） 细弱剪股颖质地细，为草皮型多年生草坪草。它通过匍匐茎和根茎扩繁，易形成致密的草坪。地上茎尽管横向生长，但节上不易扎根，不太适宜很低的修剪。适宜的修剪高度为 1.25 厘米，更适于作高尔夫球道草坪草。

c. 小糠草（Agrostis alba L.） 小糠草又名红顶草。主要分布于欧亚大陆的温带地区。小糠草具有根茎，浅生于地表；卵圆形叶舌，长 3～5 毫米；叶片线形扁平，表面微粗糙。由于该草在抽穗期间穗上呈现一层鲜艳美丽的紫红色小花，故又名红顶草。该草喜冷凉湿润气候，耐寒，喜阳，耐阴能力比紫羊茅稍差（图 1-12）。

（4）黑麦草属（*Lolium* L.）

① 一年生黑麦草（*Lolium multiflorum* Lam.） 一年生黑麦草鞘内叶芽卷曲（而多年生黑麦草是折叠），尖型叶尖，爪状叶耳，叶环宽，叶正面叶脉明显，叶的背面发亮光滑。

② 多年生黑麦草（*Lolium perenne* L.） 多年生黑麦草叶芽对折，叶尖呈尖形，叶的背面光滑发亮，正面叶脉明显，丛生，普通品种有膜状叶舌和短叶耳，宽叶环。多数新品种没有叶耳，叶舌不明显，有时也呈现船形叶尖，易与草地早熟禾相混。但仔细观察会发现叶尖顶端开裂。不像草地早熟禾那样在主脉的两侧有半透明的平行线。叶环比早熟禾更宽、更明显一些。耐阴性较差。该草喜温暖湿润而夏季较凉爽的环境，耐寒性和耐热性都不及早熟禾。不耐干旱，也不耐瘠薄。在肥沃、排水良好的黏土中生长较好，在瘠薄的沙土中生长不良。当气温低于－15℃会产生冻害。

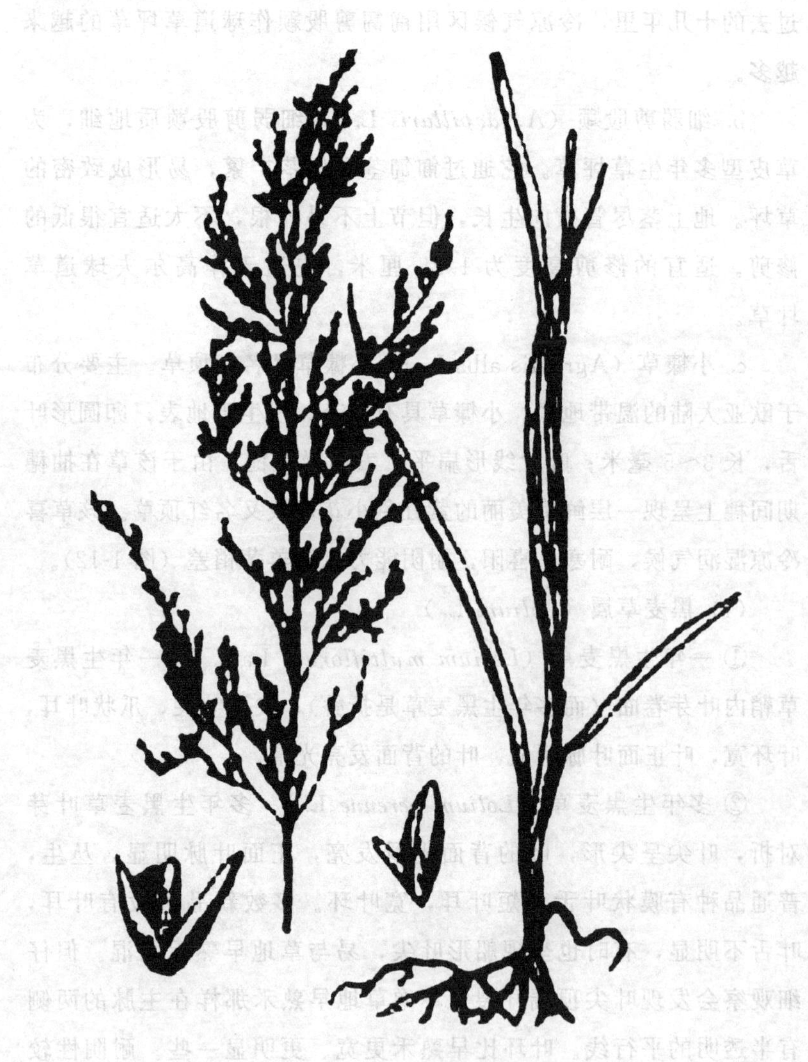

图 1-12　小糠草

常见草坪草运用特性比较见表1-1～表1-8。

表1-1 定植速度

特性		冷地型草坪草	暖地型草坪草
定植速度	快	多年生黑麦草	狗牙根
	↑	苇状羊茅	钝叶草
		细叶羊茅	斑点雀稗
		匍匐剪股颖	假俭草
		细弱剪股颖	地毯草
	慢	草地早熟禾	结缕草

表1-2 叶子质地

特性		冷地型草坪草	暖地型草坪草
叶子质地	粗糙	苇状羊茅	地毯草
	↑	多年生黑麦草	钝叶草
		草地早熟禾	斑点雀稗
		细弱剪股颖	假俭草
		匍匐剪股颖	结缕草
	细致	细叶羊茅	狗牙根

表1-3 枝条密度

特性		冷地型草坪草	暖地型草坪草
枝条密度	高	匍匐剪股颖	狗牙根
	↑	细弱剪股颖	结缕草
		细叶羊茅	钝叶草
		草地早熟禾	假俭草
		多年生黑麦草	地毯草
	低	苇状羊茅	斑点雀稗

表 1-4　抗寒性

特性		冷地型草坪草	暖地型草坪草
抗寒性	高	匍匐剪股颖	狗牙根
	↑	草地早熟禾	结缕草
		细弱剪股颖	钝叶草
		细叶羊茅	假俭草
		苇状羊茅	地毯草
	低	多年生黑麦草	斑点雀稗

表 1-5　耐热性

特性		冷地型草坪草	暖地型草坪草
耐热性	高	苇状羊茅	结缕草
	↑	匍匐剪股颖	狗牙根
		草地早熟禾	地毯草
		细弱剪股颖	假俭草
		细叶羊茅	钝叶草
	低	多年生黑麦草	斑点雀稗

表 1-6　抗旱性

特性		冷地型草坪草	暖地型草坪草
抗旱性	高	细叶羊茅	狗牙根
	↑	苇状羊茅	结缕草
		草地早熟禾	斑点雀稗
		多年生黑麦草	钝叶草
		细弱剪股颖	假俭草
	低	匍匐剪股颖	地毯草

表 1-7　耐阴性

特性	冷地型草坪草	暖地型草坪草
耐阴性 高	细叶羊茅	钝叶草
↑	细弱剪股颖	结缕草
|	苇状羊茅	假俭草
|	匍匐剪股颖	地毯草
|	草地早熟禾	斑点雀稗
低	多年生黑麦草	狗牙根

表 1-8　需肥量

特性	冷地型草坪草	暖地型草坪草
需肥量 高	匍匐剪股颖	狗牙根
↑	细弱剪股颖	钝叶草
|	草地早熟禾	结缕草
|	多年生黑麦草	假俭草
|	苇状羊茅	地毯草
低	细叶羊茅	斑点雀稗

第2章

绿化草坪建植工程

任务提出

从工程设计的角度了解草坪建植的过程。全面掌握草坪建植从设计到施工到建植完成的技术要点。掌握不同土壤情况下草坪建植的技术。

任务分析

（1）草坪建植工程在园林绿化中是较为基本的绿化施工内容，它需要遵循一定的工程设计原理，工程施工工艺。草坪建植工程设计的合理性是保证草坪建植成功的基本条件。根据草坪的不同用途和建植环境，合理进行绿化草坪建植工程设计是草坪建植的第一步。

（2）在合理的设计中，要做好草坪建植的施工计划，根据具体的条件和环境，对草坪建植基床进行处理或改造，建植过程严格按照施工流程完成可大大提高草坪的成坪效果。

2.1　绿化草坪建植工程设计

2.1.1　绿化草坪建植工程基本设计

（1）建植工程基本设计的方法　根据基本规划，调整与现场相对应的各自规划之间的关系，使其相互独立、呼应统一、成为一个整体，并在此基础上综合分类，做出比较详细的基本设计。就是在实施设计之前，指出形成空间必要的基本项目和概略的形态与内容，作为实施的指针。

① 基本方法　建植基本设计的目的是以建植基本规划为基础，根据建植的详细条件、对应的土地分配规划及设施规划等来决定建植地的形态、景观组成、景观功能及布局等，并正确地描绘出建植的全部设计图。基本设计作业过程中的重点就是详细讨论基本规划中的条件，极力减少在实施设计中的差异。另外，基本设计还需与实施设计相吻合，还要经过投资者与设计者之间详细的讨论，接受并决定实施该设计。对于实施设计中的技术问题，在基本规划中已经解决，但要对其内容再度确认，要特别注意与工程化相关的各事项的设想。

② 作业程序　作为建植基本设计的给定条件，在确认基本规划中设想的内容和新的指示事项的同时，进行建植地的详细调查，调整有关设施，整理为设计条件，并在此基础上制定基本设计方针。根据基本设计方针，以基本规划中设想的内容为基础，进行建植基床整备设计、建植景观设计、建植功能设计，同时确定建植使用的植物，进行建植管理设计，将以上确定结果综合起来完成建植基本设计，在此基础上进行项目的概算，然后，汇总以上作业结果，进行建植基本设计图书的整理工作。

（2）详细调查　详细调查是为了分析、掌握规划地的现场条件，作为设计作业的资料而进行的调查。调查的目的是确认场地形状和建植地的构造。为了进行建植基本设计，必须掌握必要的构造物的概略位置、规模和良好景观的内涵等。在调查阶段，还要进行土壤理化性质调查、基床土层调查，以判断是否适宜作建植基床。若此阶段基床建造尚未完工，也要在建植实施设计中进行确认调查。

① 调查方法　调查方法以现场调查为主，地下埋设物、构筑物等不容易看见，可以查阅资料。土壤理化性质调查、基床土层调查，要在现场调查的同时进行必要的室内分析。

② 调查项目　根据建植基本规则，确定调查内容。

a. 场地形状。确认场地形状的概况和建植地构造（建植地的宽度、长度等）。

b. 已有树木等的调查。调查现有树种的品种、分布及规格大小等，确定规划地内拟保留的树种及需要移植的树种。

c. 地下埋设物、构筑物。规划地内有下水道、排水设施等埋设物和共有的沟渠、地下通道等地下构筑物，要掌握其位置、埋设深度等。

d. 地上物件。掌握规划地内的电话线、输电线的位置、高度以及信号、标志灯道路附属物。

e. 景观。掌握规划地中的眺望最佳地点、景观障碍物的位置、步道树景、界标等。

f. 微观气象。掌握季风的方向、强度等规划地特有的微观气象等。

g. 确认周边环境。掌握周边和沿路居民的意向。

h. 土壤理化性质调查。通过剖面调查和室内分析，掌握建植基床地土壤的物理性质和化学性质。

i. 基床土层调查。通过剖面调查和室内分析，掌握有效土层的下部基床土壤的硬度、透水性能等。

（3）调查结构（设计条件）的整理　设计给定条件和详细调查的结果，要在综合掌握设计对象的特性后，整理成设计条件，应将全部设计条件的相互关系以图面和照片等简单明了的方式来表现。

(4) 基本设计方针的确定　基本设计方针要根据建植基本规划来确定，并应与建植地的设计基本条件相适应。在制定基本设计方针时，各相关人员和单位应进行充分协商。

① 基本规划的确定　主要从技术的角度来确定规划内容中所给定的条件，并整理成相应的基本设计方针。

② 相关部分的具体调整　根据基本规划中所确定的方针，对设计具体项目的相关部分进行调整，以确保规划方针不再变更。

③ 与设计条件相对应的其他方面　按照基本规划方针，详细分析调查得出的结果，整理成相应的基本条件。

(5) 建植景观设计　建植景观设计就是根据建植基本规划中制定的景观图和景观构成规则，确定建植空间的细部构成，归纳整理成景观构成设计。影响景观构成的重要因素有建植地的地形、土地的分配、周围环境等。建植景观设计就是要根据这些条件，确定实现景观图的具体步骤。另外，在考虑各个范围的空间构成的同时，对其相邻地带的景观进行相应调整，使其与建植地的整体景观相统一。

建植景观设计作业，要根据基本设计方针，以建植基本规划中制定的景观构成规划、景观图像的草图等为基础，对所要建植的树木、草坪灯地被植物种类的内容进行充分讨论与确定，归纳整理为建植景观构成。

① 景观构成内容的确定　建植景观是以景观图为基础。因此，要从树林地带与草坪地带的构成、配植组合、空间组成等角度来进行讨论。

a. 景观构成内容的确定。建植景观是以景观图为基础。讨论建植地中树林地与草坪地的构成比例。一般来说，在都市内足球场和草坪广场等草坪地为主要设施的情况下，草坪地为主要空间，其他建植地多为附属空间。这时，草坪地的面积与形态是建植空间整体的主体内容，而实际上，草坪地的功能要比景观更重要，也就是说要根据公共绿地等的利用规划和草坪地的利用功能来确定草坪地的位置。在这些地方，要从景观构成的观赏性，也就是开放性、质地均一性、平面性等角度来讨论草坪建植地及绿地空间的整体构成。具体来说，依据树林地与草坪地的景观特性，为实现建植基本规划中制定的景观图来确定树林地与草坪地的构成比率。通常，草坪地比例高的地方，空间明朗、自由奔放，但由于过于平面化而显得单调。

b. 配植组合。建植的平面配置，主要以树木等的配植构成为确定对象，草坪地只是附带内容，因此要先确认所要确定的基本内容。配植组合有大型的整形式的建植模式和自然式的建植模式两种。马路边的树木等就是整形式建植的代表，这种建植方式一般以规则的线条构成一定的几何形图案，在同一树种中，多以对称建植和直线建植为主。这种建植形式，要根据主要的建植材料及其特征，重点考虑适宜的配植材料，因而要优先考虑建植和管理等作业的合理性。从景观上讲，要充分运用建植整体规划中各个重点，创造出空间的紧张感与韵律（节奏）感，形成平凡而富于变化的空间。

自然式建植法，是模拟自然的风景，或将其理想化，或者作为某种情况的象征，主要由不规则的线条构成。这种建植形式，对材料的配置与种类较整形式建植更为自由，但要有意识地避免将同一形状和大小的材料以相同的间隔栽植。因此，尽管形状数量不同，但依靠整体的微妙平衡构成一种稳定状态，从景观上讲，要创造出一种稳定、平衡、和谐而又稍有紧张感的空间。在制定配植构成时，可参考上述配植形式的特性，但更重要的还是要根据各建植空间的不同目的和景观图像，灵活运用各种配植形式。

c. 空间构成。建植的空间构成，是由高木、中木、低木、地被类（含草坪）形成并建植的立体构成。高木、中木、低木或高木、中木、地被类（含草坪）形成三层建植形式，高木、低木或者高木、地被类（含草坪）形成二层建植形式，而高木或低木、地被类（含草坪）时只形成一层建植形式。在讨论空间构成时，要充分

考察各层的景观特性，以各个空间的建植目的和景观图像为基础，详细讨论应该运用哪一种建植形式。一般来说，在重视遮蔽量的地方，多用三层和四层的建植形式，而对于要能隙望树林、展望草坪园地明朗开阔的空间以及利用林床的场合，则采用一层和二层的建植形式效果会更好。

② 景观构成的制定　制定建植的景观构成，要依据各个空间基本配植形式的确定来讨论建植地整体的空间构成，并将其归纳综合，整理成景观构成。

(6) 建植功能设计　建植功能设计就是根据基本规划中所制定的建植地的功能，为确保功能充分发挥而对建植构成进行确定。

① 建植功能手法　依照前面制定的建植基本规划，确认各建植地所追求的建植功能，并为了充分发挥其功能效果而确定采用适当的建植手法。但是，在限定建植材料仅为草坪草的场合，由于建植手法单一化，再确定建植功能及建植手法也就没有什么意义了。当然当草坪地所追求的是娱乐功能时，仍要确定其功能与建植手法。

草坪的娱乐功能主要是利用功能，其利用内容在很大程度上要受到草坪种类及草坪面积的影响。也就是说，草坪的利用内容一般是运动、游戏、休养等，要事先制定利用的强弱、草坪面积与利用者数量之间的关系，否则过度踏压，会使草坪受到极大损耗，而最终出现草坪草枯死及裸地化。为防止这种情况，就要制定与草坪的利用内容相对应的面积（约每人10米^2）；为确保土壤硬度，要进行建植基床整备；同时，更为重要的是要仔细确定所选择的草坪草。

② 建植功能构成的制定　根据前面的讨论，确认其他设施设计等与功能是否吻合，同时，再次对建植地整体进行综合讨论，以确定建植功能构成。

(7) 配植基本设计　依照建植景观设计和建植功能设计的结果。确定最适于建植地的植物的最佳组合，以此制定出配植基本设

计。进行配植设计时，在强调适合建植地的地形等自然条件、符合建植目的的同时，还要考虑建植地整体景观的统一性，充分发挥景观效果也是十分重要的。

① 空间配植设计　配植设计的讨论根据前一阶段中讨论的建植景观的构成和建植功能构成的结果，确定各个建植小区的功能和目的在建植地整体中所占的位置，进而确定各个地带的细节配植，以此作为配植的基本单位，制定出配植设计。这种配植区分是以建植为单位，要根据建植方法的不同，设计出配植的细节。需特别注意的是，建植材料的植物都具有各自的特性，在生长过程中其形态、质量会出现极为显著的变化。同时还要注意植物栽植的阴阳面与生长的快慢，尤其是与相邻植物的生长平衡以及由于形态变化而引起的相互间的影响。这些问题不特别注意，往往是导致配植失败的重要原因。因此，进行配植设计时，为了保持植物将来具有适于生长的必要空间，要特别注意在设计对象地留有充裕的空间，使配植设计不过于密集。草坪建植具有创造明朗开放氛围的效果，但也因此导致景观单调乏味，因此，在配植设计中，最好考虑将视野的遮蔽隔断与一望无际的展望相结合，使景观富于变化。

依据上述原则讨论各个空间的配植设计，但配植形态的最终决定还有赖于专门技术人员的审美意识及丰富的经验，而配植空间的划分及各地带的内容，应尽可能地征求相关人员和部门的意见，使各方满意，这也是很重要的。

② 建植坡面保护设计　建植坡面保护设计是针对在完成土方工程中出现的坡面，用植物进行覆盖，既能起到美化修景作用，同时也保护了坡面的整备手法。用植物保护坡面，就是将植物覆盖在坡面上，绿化坡面，美化坡面，使景色优美，同时防止雨水侵蚀表层土壤，通过根系的固土作用防止表土流失，缓和地表面温度，同时，改善土壤性质，使土壤肥沃等。由于植物的保护作用，使坡面安稳、平定、持久。

根据基本设计方针，确定坡面植物将来的目标形态，根据确定的目标形态选定植物和基床的施工方法，最后归纳整理为植物坡面保护设计。

(8) 建植管理设计　建植管理设计就是根据建植基本规划中的管理条件，制定与建植目的、功能相对应的管理水准，并以此确定管理方针。在建植设计时，必须充分考虑设计与管理是否统一为一体。如果不进行相应的管理，就无法完成基本的建植目标，因此，要根据管理条件对建植设计进行相应的调整，这是非常关键的。在设计阶段进行管理讨论时，要以在基本规划中制定的管理方法为基础，与建植的目的、功能相对应，并依建植景观的保持时间来制定相应的管理水平。根据上述讨论结合设计意图，整理成管理方针，并传达到管理主体。

以设计目标形态及与其相关的树木的多年变化为基础，从建植设计的目的、功能、植物种类等设计意图和立地条件来考虑管理水平，进行高频度的管理（建成、维持）。作为缓冲功能的绿地一般管理水平较低，只需在植物的建成维持上进行最低限度的必要的管理。为使建植设计中制定的管理水平在管理阶段合理且有效，在进行建植设计之前，应对管理条件进行全面考察。

(9) 工程费概算　根据配植设计的内容概略推算出工程费用，这是确定预算额的基础。

在确定与建植设计内容相应的工程费时，最重要的是要确保设计内容的实现。确定工程费的实际预算的基础是工程费概算。工程费概算估计数值，一般既是设计工程费进行讨论的数值，也是实行概算编成的参考值，因此可依照配植设计中制定的主要数量的累积值，计算出建植地各部分的概略数值（图2-1）。

在制定概算工程费时，要从资金的角度对设计内容进行核对，以便针对设计内容有效地分配资金。

① 概算工程费　概算工程费一般是单位数量的标准单价乘以

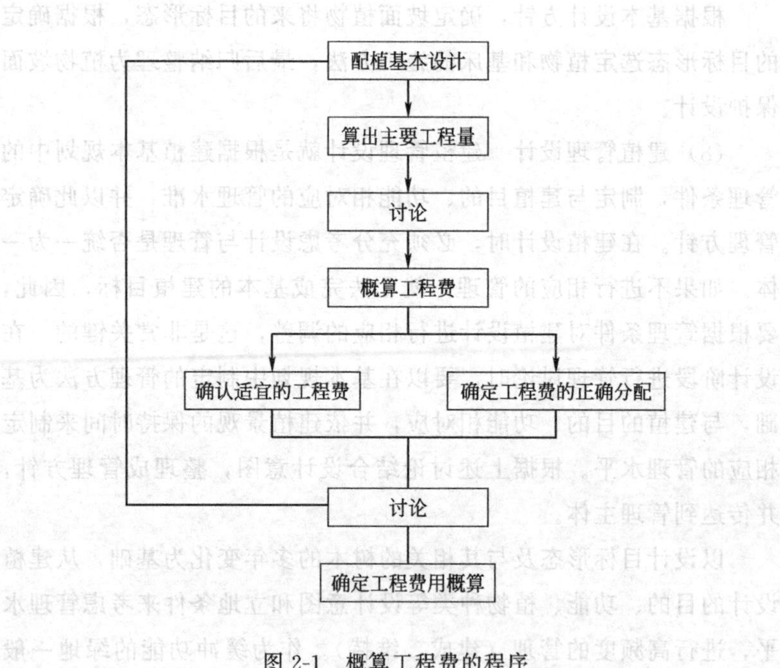

图 2-1　概算工程费的程序

每个工种的施工量。计算时不仅要计算出最初的工程费用，还要计算出将来的管理费用，将两者结合比较讨论。在比较讨论时，因最初工程费用与将来管理费用的时间不同，因此有必要在同等条件下进行换算。

② 讨论制定概算工程费（资金规划）在公共建植工程中，有必要对其投资收益进行充分确定。概算工程费，从资金观点出发，不仅要合理、经济、平衡，而且，在必要时能够容易地检查核对。在进行概算工程费时主要从以下几点考虑。

a. 确认工程费的合理性。以基本规划中规定的工程水平为基础，对建植设计的各个关键因素所对应的资金，从经济性、合理性上进行核对确认。

b. 确认工程费的合理分配。从设计方针和建植地总体平衡来

考虑，对不同建植场所不同工程种类所分配的有效资金进行核对确认。

（10）编制建植基本设计图书 建植基本设计图书是建植基本设计的归纳整理，需相关部门和人员进行充分协商，在各方均满意的条件下整理出的最终成果。该成果有图表和报告书两种形式。在归纳总结时，不仅要有最终结果，而且还要将讨论过程和草图整理成相应图表的经过详细记录在报告书中。在作图时，要充分表现配植意图，不仅要有平面图，还要考虑制作画稿及剖面图等。

2.1.2 绿化草坪建植实施设计

（1）建植实施设计的基本方法 建植实施设计的目的是将设计的内容和意图准确地传达给施工者，使最终形成的建植空间与设计之间不存在大的差异。为此，以建植基本设计和投资者的指示为基础，对相关部分进行详细的调整，确定形成建植空间的构造、材料的图案设计（构思）及工程必要的详细图书和工程计算等，并整理成工程实施的材料。

① 基本方法 建植实施设计的目的就是准确地完成建植意图，因此在图案设计中明确标记建植空间的构成、材料、规格，以免造成误解，这是关键的。与基本规划和基本设计显著不同的是实施设计的结果是直接的工作，很难及时得到反馈信息，因此设计内容的好坏直接决定着建植内容的好坏。另外，如果对安全性考虑不当，就易出事故，施工方法选择是否得当涉及金钱的得失等，正因为伴随着这些直接结果，通常对设计思路及图书要仔细策划商定。

② 作业程序 建植实施设计的作业程序如图 2-2 所示。这种作业是在一定条件下，以某种建植基本设计为基础，与现场相对应进行确认调查。此时，如果建植基床需使用客土，则需调查客土。在确认和分析后，再制定实施设计方针。根据实施设计方针，以建植基本设计为基础，进行建植基床设备实施设计，确定建植物的种

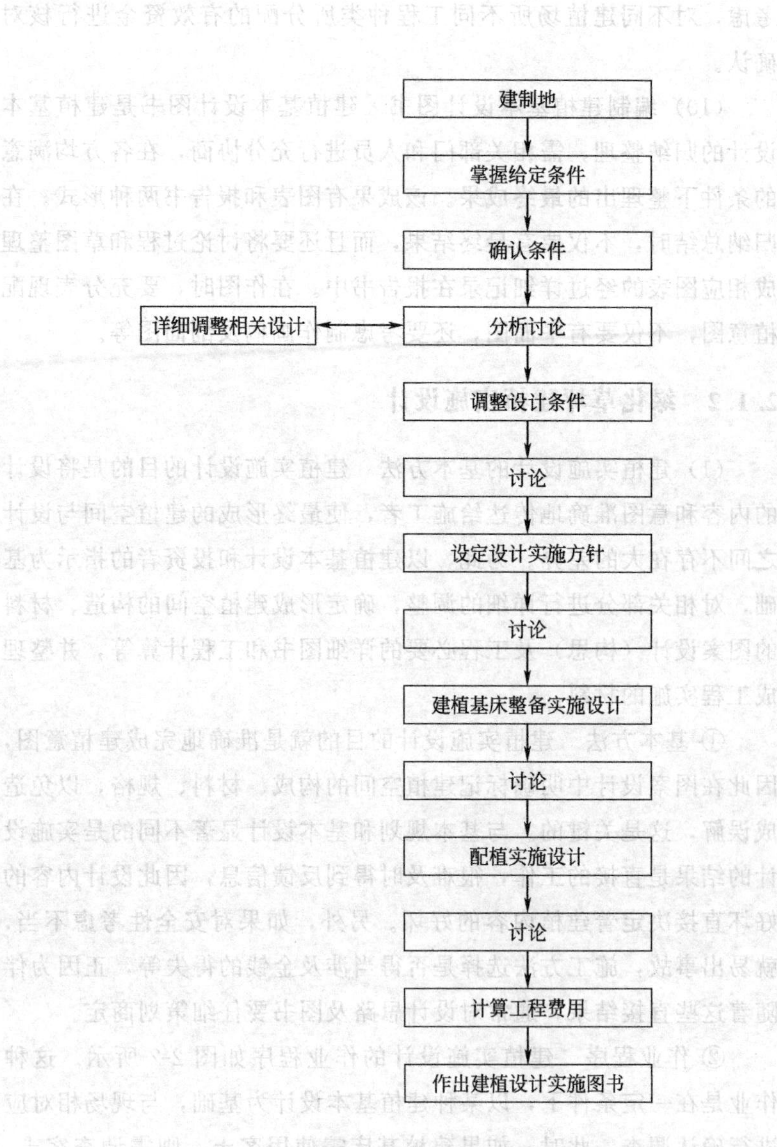

图 2-2 建植实施设计的作业程序

类、形态和规格等，整理成配植实施设计。接下来，以实施设计为基础估算工程费。

（2）确认调查　确认调查不仅要对建植基本设计中的内容进行确认，还要详细调查讨论设计对象地的立地条件。通常，已给定条件的确认和调查按以下项目进行。如需引入客土，还要调查其引入时间。

①确认设计给定条件　掌握规划内容的指标、背景、资料及委托者的说明，与现场调查相对照进行确认。

a. 确认建植基本设计。与现场对照，确认建植基本设计内容。

b. 确认植物、机械的运输路径和施工可能性。要在现场确认植物等的运输路径、起重机等施工机械的进入和施工的可能性等。

c. 确认基床建造状况。在调查建植基床现状的同时，确认建植基本设计后的基床变化（尤其是土壤的变动）与否。在土壤已变动的场合，需调查其变动程度，确定再次进行土壤调查的必要性，必要时要查询建植基本设计的理化性质。

② 客土调查整备　有客土引入的建植基床时，需调查引入的客土是否为植物的生育土壤。原则上要调查引入客土的来源地。调查结果超过评价参考值时，要向已编成的建植基本设计中的建植基床整备基本设计反馈信息，确定改良措施。如有必要，也应对盐离子置换量进行调查。

（3）制定实施设计方针　制定实施设计方针，要根据建植基本设计和分析确认调查中得出的设计条件进行。实施设计方针要在各相关部门和人员充分协商的基础上制定。

① 确认基本设计　讨论基本设计内容的细节部分，整理成实施设计的对应方针。

② 确认内容　确认基本设计中具体的设计方针有无变更，若有变更，可进行相应调整。

③ 与其他设计条件相对应　根据分析确认调查，得出设计条

件，依照基本设计方针整理成相应的基本考察方案。

(4) 建植基床整备实施设计　根据实施设计方针，讨论建植基本设计中有关整备方法的具体施工内容，进行基床整备实施设计。建植基本设计即使内容完整健全，方法选定适当，如果施工方法有误，或者使用的材料不适宜，也得不到预期效果。对基本设计制定的建植基床改良方法中具体的施工方法进行讨论，并制定施工方法。对人力施工和机械施工分别进行讨论，最后归纳整理成建植基床整备设计书。

① 施工方法。主要讨论建植基床整备基本设计中选定的改良方法的具体施工办法。此时，要充分考虑到以下三点。

a. 对其他设施、排水等的设计内容与位置、平面高度等进行认真调整。

b. 与其他工作相协调，仔细讨论施工程序。

c. 想方设法选用经济有效而且在实际中易于施工的施工方法。

② 人力、机械施工方法的确定。施工方法确定后，计算出必要的土方量和改良材料的数量，同时决定采用人力施工还是机械施工。此时，通过核对必要的土方量和改良材料数量，在考虑经济的同时，还要留意在实际可以进行机械施工的场所中，因施工条件而影响机械作业效率高低的问题，在充分分析比较的基础上，决定用人力还是机械施工。

③ 机械的选定。考虑不同的作业内容的运土距离、耕耘深度等，选择适当的机械。

(5) 配植实施设计　以基本设计中制定的配植基本设计为基础，确定使用的具体植物种类、形状规格和建植位置，整理成配植实施设计建植图。虽然在建植基本设计阶段已制定出概略设计，但这个阶段的作业还不能直接用于指导作业，还需要更进一步的细化和深化。实施设计就是在基本设计的基础上，提高其精度，从美观、经济、施工方便和维持管理等角度来讨论，并制定出切合实际

的配植实施方案。

① 形状规格的制定　依照建植基本设计中选定的有可能使用的植物群，核对景观的环境条件（土壤的干湿、日照条件、风力等），并结合经济状况讨论，规定使用植物的种类、形状尺寸。当大量使用同一规格的植物时，很重要的一点是核查供给性的有无。

② 植物的配植设定　根据基本设计中设定的建植空间的构成设想，参考各种技法，结合设计者的经验和判断，设计出细节部分。在配植中也要充分考虑草皮等的栽植密度。一般来说，草皮的建植形态主要有平铺和留有缝隙铺两种。但是，如对管理没有影响，也可采用间铺和方格花纹铺等铺草手法。

建植手法主要根据完成任务的时间和材料费用来选定。通常，由于修景上的原因，在工程完成时要实现年度目标，在这种情况下通常采用材料价格较高的平铺法进行施工。而完成年度目标迟且要求质量不高时，可采用材料价格便宜的留有缝隙铺、方格花纹铺等方法。

(6) 工程费计算　以设计图书和工序说明书为基础，根据施工必要的工程费用（即明文规定的预定价格）估算工程费。工程费的估算方法，从设计图上估算整体对象物的面积、长度、体积、个数等数量及建成所需要的必要的种类、形状规格和数量，整理成数量计算书和特殊说明书。然后以此为基础，各个部门组织专门人员根据估算要点和标准算出各工程总量，并乘以各个施工期的单价，求出每个专项作业的费用。

① 数量计算　在实施设计中，不仅要细化施工内容，同时，还必须计算出有关施工内容细节部分的费用。通常，在计算时，根据不同工种，可以列举出施工数量、所需必要材料及数量以及其他施工机材、劳务费（工费）等项目。另外，对工程中为了建成直接目的物而临时建成的其他一些必要工程，同样也应计算在内。

a. 计算工程量。根据不同类型，将各工种分类，在图面上计算其施工场所数、面积、体积等。将计算结果集中整理并在图面上标明。

b. 计算材料数量。算出各工种单位材料量，然后计算出所需要的材料的总量。在材料有增减时，在图面上标明，并按实际情况进行计算。

c. 其他。如施工材料、劳力等，如有必要可列举项目并计算数量。

在进行以上计算时，要将所算出数量的计算过程整理清楚，如有必要，还应表示成图表的形式。在进行计算时，必须标明计算过程所依据的标准。

② 计算工程费　实施设计中计算工程费是工程投资的重要资料，所以必须计算准确，通常采用公布的概算标准来计算工费。若无公布的标准，则可用“估算资料”、“建议物价”及专门技术人员的估计等来计算。

直接工程费是为了建成工程目的物而直接投入的费用。但由于个别场所及工程种类的不同，各工作部门的工种既有按种类区分的也有详细区分的，不管怎么区分，材料费、劳务费、直接经费是构成直接工程费的三要素。

间接工程费不仅指投入各专项的工程目的物的费用，还包括使工程整体顺利进行所需的费用。例如，现场办公室的设备维持、制定安全管理及安全措施所需的费用等也包含在内。间接工程费分为通用临时设置费和现场管理费。另外，还应根据能直接估算和不能直接估算的费用在直接工程费用中所占不同的比率来进行估算。

(7) 实施设计图书的做成　建植实施设计图书作为建植实施设计的总结，是相关部门和人员进行充分协商得出满意结果后整理成的最终成果。建植实施设计中的设计图书，其建植内容是根据建设方（甲方）的意图制定的，也是作为体现甲方意志的手段来利用的，必须十分注意甲方所选择的投标预定价格的计算基础，这对于

正确表达设计内容和设计图书内容是否适当是非常重要的。

① 建植实施设计图的做成 建植实施设计图是对建植工程施工时进行必要指示的传达图，要求正确而且必须让施工者易于理解。建植平面图则表示出所使用植物的建植位置以及所用植物的名录，其中要表示出种名、形状规格、数量及养护管理设施的有无等。

② 特别说明书的做成 工程实施时不仅要有设计书、设计图，当设计书的意图对施工者不能准确传达时，还要做成特别说明书以使施工者按意图施工。说明书，不管哪种工程，叙述标准的事项适用于一般情况的称为标准说明书（通用说明书或一般说明书），而对于各种工程中需采取的特别办法的说明书称为特别说明书。国家、公共团体、地方团体等事业主体一般应备有标准说明书，在制作设计书、设计图时，要准确掌握标准说明书的内容，其内容要尽可能地传达设计内容。如有必要，还应接受一定的反馈信息。当只有标准说明书还不足以说明问题时，还应制作特别说明书。

在施工中，由于各地域的特殊性，若只有标准说明书，在现场进行相应的施工尚有一定困难。建植工程中的植物是一种自然素材，使用时要表现出其美感，在标准事项中不可能完全规定这些内容，此时特别说明书的巨大作用就显示出来了。特别说明书所表述的内容是用设计书、设计图难以表现的设计意图，以及标准说明书中无法相应表示的特殊材料及所批示的施工方法等。特别说明书所记载的内容有以下几点。

a. 总则。指出特别说明书的适用范围、用语的含义、设计图书的适用与疑义、轻微工程管理的变更、安全管理等相关内容。

b. 材料。记载植物材料的规格、品质等相关内容。

c. 建植基床。记载在建造建植基床时的指示事项。

d. 施工。指示植物的栽植方法等相关内容。

e. 养护。记载栽植后的灌水等养护方法。

2.2 绿化草坪建植工程施工

2.2.1 坪床的准备

坪床准备是草坪建植的一个重要环节。坪床土壤是草坪草根系、根茎生长的环境，土壤结构和质地的好坏直接关系着草坪草的生长和草坪的使用。理想的草坪土壤应是土层深厚、无异形物体（如岩石、塑料垃圾等）、肥沃疏松、富含有机质、通透性好、酸碱度适中（pH 值为 6～8）、结构良好的沙质壤土。但建坪地土壤并非都是这样，必须进行改良。土壤改良主要是在土壤中掺入改良剂，以调节土壤通透性及保水、保肥能力。土壤改良剂不宜采用像沙这样的“单质”，在生产中常用大量合成的改良剂（如泥炭），在细质土壤中可降低土壤黏性，并能分散土粒；在沙质土壤中，可提高土壤保水、保肥能力：在已定植的草坪上，则能改良土壤的回弹力。锯屑等也能起到泥炭的作用。某些特殊用途（运动场）的草坪为了提供足够耐强烈践踏的能力，常将原有的土壤铲除，重新铺上配制好的介质。

坪床准备包括各种清理工作，同时还有耕作、整地、土壤改良、施肥及排水设施的安装等。

(1) 场地清理 场地清理是指在建坪场地内有计划地消除和减少障碍物，便于建植草坪，包括以下内容。

1）木本植物的清理 清除乔木和灌木以及倒木、树桩、树根等。倒木、腐木、树桩、树根要连根挖掉。一方面，裸露的树桩易损坏修剪机；另一方面，树根腐烂会塌陷，对地形造成影响，也易引起蘑菇圈产生。

2）石块、建筑垃圾、农业污染物的清理

① 石块的清理 在 3 厘米以内表层土壤中，不应当有大于 2 厘米的石块。对于较大的岩石不易移走的，要埋在 60 厘米以下的

土层当中。

② 建筑垃圾的清理　常见的建筑垃圾包括大的石块、石子、砖瓦水泥、石灰、泡沫、薄膜、油污等，必须清理干净，否则会影响根系的生长和吸水吸肥。

③ 建坪前杂草防除　杂草清除是草坪栽培管理工作中一项艰巨而长期的任务。在建坪前清理现有的杂草，能起到事半功倍的效果。蔓延性多年生杂草特别是禾草和莎草，能引起新草坪的严重污染。残留的营养繁殖体（根状茎、匍匐枝、块茎）也将再度萌生，形成新的杂草侵染。杂草防除方法有物理方法与化学方法两种。

a. 物理防除。物理防除指用人工或土壤翻耕机具的手段清除杂草的方法。若在秋冬季节，杂草种子已经成熟，可采用收割贮藏的方法用作牧草，或用火烧消灭杂草；若在杂草生长季节且未形成种子，可采用人工、机械翻挖用作绿肥；若是休闲地，通常采用诱导法防除杂草，即定期进行耕、耙、浇水作业，促使杂草种子萌发，以杀死杂草可能出来的营养繁殖器官及种子，反复几次可以达到清除杂草的目的。

b. 化学防除。化学防除指用化学药剂杀灭杂草的方法。通常采用高效、低毒、残留期短的灭生性内吸型或触杀型除草剂。最有效的方法是使用熏杀剂和非选择性的内吸除草剂。

常用有效的除草剂有茅草枯、磷酸甘氨酸、草甘膦（0.2～0.4毫升/米^2）、克芜踪等。在杂草长到8～10厘米高、坪床翻耕前3～7天施用，以便杂草吸收除草剂并转移到地下器官。

熏蒸法是将高挥发性的农药施入土壤，从而杀死土壤中的有害物质，该法效果较好，但其过程烦琐，所需费用昂贵，且其要求土壤湿度均匀，土壤温度不低于15℃，土壤表面还需覆盖薄膜。因此，此法要求有一定的技术难度，使用较少。

熏杀剂有溴甲烷、氯化苦、棉隆、威百亩、必速灭等。

对于特别难以一次性清除的杂草，如匍匐冰草、革命草等靠根茎繁殖的杂草，用物理方法或化学药剂都较难防除，通常可采用土壤休闲法防除，休闲是指在夏季坪床不种植任何植物，且定期进行耕锄作业，以杀死杂草可能生长出来的营养繁殖器官。休闲期较长，杂草清除得较彻底。

（2）土壤改良　理想的草坪坪床土壤应是土层深厚、排水性良好、pH值在5.5～6.5、结构适中的能供草坪草良好生长和草坪功能发挥的土壤，但建坪的土壤可能一般都不全具有这种特性。因此，必要时必须对土壤进行改良，以创造15～20厘米深的疏松肥沃的土壤供植物根系良好生长发育。

1）土壤酸碱性改良　绝大多数草坪草都能在pH值5.5～6.5的范围内良好生长，不同草种适宜生长的pH值范围有所不同，如暖季型草坪草中性偏酸一些，冷季型草坪草中性偏碱一些。所以，要适合该草坪草的生长，就要调整土壤的酸碱性（表2-1）。

表2-1　各种草坪草对土壤酸碱度的要求

（草坪学．孙吉雄．2004）

草种	pH值	草种	pH值
结缕草	4.5～7.5	剪股颖	5.3～7.5
狗牙根	5.2～7.0	早熟禾	6.0～7.5
假俭草	4.5～6.0	黑麦草	5.5～8.0
地毯草	4.7～7.0	羊茅、紫羊茅	5.3～7.5
钝叶草	6.0～7.0	苇状羊茅	5.5～7.0
巴哈雀麦	5.0～6.5	冰草	6.0～8.5

a.酸性土壤改良。酸性土壤改良办法通常是施石灰石粉（碳酸钙粉）。调节土壤酸性的石灰是农业上用的“农业石灰”，并非工业建筑用的烧石灰和熟石灰。农业石灰实际上就是石灰石粉（碳酸钙粉）。石灰石的施用量决定于施用地块土壤的pH值及面积。施用时，石灰石粉越细越好，可增加土壤的离子交换强度，以达到有

效调节 pH 值的目的。

b. 碱性土地改良。过碱的土壤常用石膏、硫黄或明矾来调节。硫黄经土壤中硫细菌的作用氧化生成硫酸，明矾（硫酸钾铝）在土壤中水解也产生硫酸，都能起到中和土壤碱性的效果。此外，种植绿肥、临时草坪、增施有机肥等对改良土壤酸碱度都有明显效果。

c. 排洗土壤盐碱。盐碱土是土壤盐渍化的结果。盐碱土因可溶性物质多，影响草坪草吸水吸肥，甚至产生毒害。在盐碱土上种草坪，除种植一些耐盐碱的草坪品种（如高羊茅、结缕草、白三叶、碱茅等）外，都应进行改良，主要措施是排碱洗盐和增施有机肥料。对小型坪地，应四周开挖淋洗沟，经过浇淡水淋洗，使盐分渐少，一个生长季后草坪草基本适应。在排碱洗盐的同时，结合施用有机肥效果更好。畜粪、泥炭等有机肥都具有很强的缓冲土壤盐碱的作用，是一项土壤改良的重要措施。

2）土壤质地改良

① 判断土壤质地的方法　在草坪生产实践中，判断土壤质地最简便的方法一般是采用手摸目测法。具体方法是：取土压碎、加入适量的水将土湿润，然后在手里搓成团状或条状。如搓不成团或条而自行散在手里的，这种土壤就是沙质土；如果能搓成团状或条状，同时弯曲泥条时没有裂纹出现，则黏性良好，这种土壤是黏质土；当在手里搓成团状或条状时，虽能成团或成条，但会散成大小不等的碎块，或成条弯曲时出现裂纹，这种土就是沙壤土。

② 土地质地改良的一般原则　沙壤土是最理想的草坪土壤质地，过黏、过沙的土壤都需要改良。改良的方法很多，一般原则是黏土掺沙、沙土掺黏，使得改良后的土壤质地为壤土或黏壤土或沙壤土。实践证明，用少量的细土与沙混合比用少量的沙与细土混合效果好得多。当将沙加入细质土时，单沙粒对改良土壤通气状况的作用并不明显，因为沙粒只是占据相邻粉粒或黏粒之间的孔隙；只有当沙粒之间直接接触时通气孔才增加。要改良细质土的通气性，

只有当沙的加入量比需要改良的黏土的量还要多时才能达到目的。因此，这种单质改良方法效果并不理想。

③ 土壤质地改良的通常做法

a. 通常使用的改良材料　目前，生产上通常使用泥炭、锯屑、农糠（稻壳、麦壳）、碎秸秆、处理过的垃圾、煤渣灰、人畜粪肥等进行改良。泥炭的施用量约为覆盖草坪地厚5厘米或5千克/米^2，或锯屑、农糠、秸秆、煤渣灰等覆盖3～5厘米，经旋耕拌入土壤中，使土质改良的深度达到25～35厘米，最少也要达到15～25厘米，以使土壤疏松、肥力提高。

b. 客土　园林工程施工过程中常因原址没有土壤或土层很薄，或建筑垃圾过多等缘故需要客土，即到别处运输土壤加入坪床。土壤污染严重时需要换土，即将污染土挖走，重新加入新的土壤。为避免建坪时买土过多，一般在建筑施工前，先将表层20～30厘米好的土壤堆积起来，施工后再进行回填效果较好。换土厚度不得少于30厘米，应以肥沃的壤土或沙壤土为主。为了保证回填土的厚度，应逐层压实。

c. 施肥　土壤质地改良后，根据草坪草的特点施足基肥，增加土壤养分，也是土壤行之有效的改良措施。基肥以有机肥为主，化肥为辅。基肥用量一般为农家肥4～5千克/米^2、饼肥0.2～0.5千克/米^2，结合旋耕，深施30厘米左右；速效化肥一般浅施，深度为5～10厘米，用量10～15克/米^2。

(3) 土壤翻耕、平整　坪床的翻耕、平整工作主要是为草坪草的生长提供一个疏松、透气的土壤层，提高土壤的持水能力，减少草坪草根系向下生长的阻力，如同农作物耕作一样将表土挖松、耕细。面积较小时，可进行人工挖或耕机耕作，但当面积较大时，需用机械犁耕、圆盘犁耕和耙地等一系列机械操作。当然，耕作时须土壤含水量适中，即土壤湿度适合耕作，以免土壤太湿时易形成泥条，而太干了则不易碎，从而不能很好地形成适宜植物生长的土壤

颗粒。

土壤耕作是建坪前对土壤进行耕、旋、平等一系列操作的总称。

1）耕作的作用。耕作的作用在于为草坪草创造一个理想的土壤环境，以促进其根系的生长发育。在耕作时使土壤的固、液、气三相趋于合理化，增加太阳辐射，保持土壤团粒结构和清洁、平整坪床。这样可改善土壤通透性，提高持水能力，减少根系扎入土壤的阻力，增强抗侵蚀和践踏的表面稳定性。

2）宜耕期。翻耕作业最好在秋季和冬季较干燥时进行，为翻转的土壤在冷冻作用下碎裂，利于有机质分解。促进或保持土壤良好的颗粒，而土壤颗粒具有黏着性、黏结性和可塑性。这些性质除取决于土壤质地、有机质含量等因素外，还取决于土壤含水量。掌握土壤适耕状态是耕作的关键。检验适耕状态的简易办法是：用手把土捏成团，齐胸落到地上即可散开。

3）耕作程序。

①耕地　耕地是畜力或机械动力牵引，用犁将土壤翻转的过程。耕地的作用一是将欲建坪地上的绿肥、杂草、植物残体或基肥翻耕到土表以下，提高整地质量和土壤肥力；二是疏松表层土壤，促进土壤风化和心土表土化，增加土壤孔隙度和通气性。耕作时间以秋、冬季为好，以增加土壤的晒垡和冻垡时间。耕作深度和次数取决于土壤。新耕地耕作层浅，为利于草坪根系的生长，应耕深20～30厘米，一次耕不到也可分2～3次逐渐加深。老坪地或老耕地耕作层较深，土壤结构较好，可适当浅耕，一般15～25厘米。

②旋耕　旋耕多用机械完成，它是一项非常精细的耕作措施。分深旋和浅旋。

a. 深旋　土壤经翻耕后，土面起伏不平，耕层内空隙大而多，土壤松紧不一因此晒垡和冻垡后要旋耕。常用的机械是旋耕机，动力是拖拉机。旋耕的作用是破垡和肥土拌和，清除表土杂物，疏松土层。旋耕的深度、次数与耕作深度和破垡质量成正比。

b. 浅旋　土壤旋耕后土壤颗粒仍较大，平整度不够，需进一步浅旋。常用的机械是免耕机。它的特点是刀片短、密且转速快，能将表土进一步细化，肥土拌和均匀。我国南方大部分地区土壤质地黏重，旋耕就更为重要。

③ 平整　平整是整地的最后一道工序。平整的标准是平、细、实，即地面平整、土块细碎、上松下实。平留往往要结合挖方与填方、坡度整理同时进行。

a. 挖方与填方。绿化工程是建设工程的最后一道工序，欲建坪地经常是凸凹不平，有的地方缺土，有的地方土方过剩，应按设计要求进行挖方和填方。对工程量大的场地要用推土机、装载车、挖掘机等进行挖方和填方，一般只要人工作业即可。填方应考虑填土的沉降问题，细土通常下沉15%（每米下沉12～15厘米），要逐层夯实。

b. 整理坡度。草坪草不能积水。表面排水的适宜坡度为0.5%～0.7%。在建筑物附近坡向应是远离房屋的方向；开放式的广场应以广场中心向四周排水。坡度的整理应和挖方填方同时进行。

c. 平整。坪床的平整分两步，第一步是如果有必要，如自然式草坪，需将坪床整成有一定高差的高低起伏的地面，又叫粗整。第二步，则是对第一步后的坪床进行细致地平整，让坪床表面均匀一致，不积水，不形成陡坡等，又叫细整。

粗整最重要的工作就是挖填方，挖方用于堆起自然山形，填方则用于填平坪床低洼的地方。当然，挖填方后土壤必定会有一定的沉降（视土质不同其沉降大小不等），细土通常下沉15%（即每米下沉15厘米左右），因此，有条件的可每填30厘米即行镇压1次，也可让填方超过设计高度，让其自然沉降。为了保证土壤的养分储存，挖填方时要尽量保证形成后的坪床表面有12～15厘米厚的表

层土（即熟土）。

在对坪床进行粗整时，结合挖方填方一起考虑坪床的排水问题，通常地表排水适宜的坡度为2%，即每米直线距离下降2厘米，坡向朝向排水沟。若四周是均能排水的地面，则设计成中间高、四周低的坪床。在建筑物附近，坡度则应是远离房屋的。总之，要根据具体的地形地势来设计排水方式。

细整是在粗整的基础上进一步平整坪床，如草坪基肥、有机质等土壤改良剂一同施入土壤后进行细整，可以人工耙地，也可用机具耙平。在细整前一定要让土壤充分沉降，以免草坪繁殖后出现高低不平的坪床，从而给草坪的养护带来一定的难度，细整也必须在土壤湿度适宜时进行，从而能形成理想的土壤颗粒。

对于有地形起伏的坪床，细整一定要防止陡坡的形成，以避免给养护管理带来困难。如的确不可避免，可修筑阻墙来限制草坪的坡度。

2.2.2　草坪草种的选择

草坪草种的选择是建坪时需要考虑的首要问题，它不仅对草坪建植有重要影响而且还将关系到未来养护管理的很多问题。

（1）草坪草种的选择依据　由于草种种类繁多，特性各不相同，影响草坪草种或品种选择的因素又很多，可以从以下五个方面综合考虑。

①对草坪质量的要求　主要由草坪的使用目的来决定，这是草坪草种选择首要考虑的问题。包括草坪的颜色、质地、均一性、绿色期、高度、密度、耐磨性、耐践踏性和再生力等。比如水土保持草坪要求速生、根系发达、能快速覆盖地面，管理粗放；运动场草坪要求耐低修剪，耐践踏，再生能力强；观赏性草坪要求质地细腻，色泽明快，绿色期长。

②草坪草种的特性　要了解满足建坪质量要求或草坪使用目

的候选草种，如草种质量、草坪草生长特性、建坪速度、叶片密度、叶片质地、色泽、耐阴性、耐践踏性等。

③ 环境适应性　主要包括气候适应性和土壤适应性。各类草坪草不同的基因型特性，对外界环境表现出不同的适应现象，主要是气候和土壤。气候主要是指抗热、抗寒、抗旱、耐淹、耐阴等性能，温度和降雨是影响最大的气候因素。土壤主要指耐贫瘠、耐盐碱、抗酸性等性能。

④ 对病虫害的抗性　主要是指草坪植物对病虫害的抵御程度。如易感病的草坪草必须经常用杀菌剂进行处理，以预防疾病的发生，否则，轻者使草皮出现枯黄的病斑，影响草皮的均一性和观赏性；重者将导致草皮的死亡，造成不可补救的经济损失。

⑤ 所需养护管理的强度和预算　主要包括建坪成本与管理费用。而管理水平对草坪草种的选择有很大影响，管理水平包括技术水平、设备水平、经济水平三个方面。许多草坪草在低修剪时要求较高的管理技术和管理设备。

（2）草坪草种的组合　草坪草种组合是指草坪由一个草种（或品种）单播或由几个草种（或品种）按一定的形式、比例混播。草坪是由一个或者多个草种（或品种）组成的草本植物系统，其组分间、组分与环境间存在着密切的相互促进与制约的关系。组分间量与质的改变，也改变草坪的特性及功能，在草坪实践中通常用单一组分的方法来提高草坪外观质量，从而提高草坪的均一性和美学价值。而更广泛采用的则是增加草坪组分的丰富度，来增强草坪系统对环境的适应。

1）草坪的组合

① 根据草坪草种的组合分类

a. 单播　是指草坪组合中只含一个种，并且只含该种中的某一个品种。其优点是保证了草坪最高的纯度和一致性，可造就最美、最均一的草坪外观。缺点是由于遗传特性较为单一，因此对环

境的适应能力较差，要求养护管理的水平也较高。

b. 混合　是指在草坪组合中只含有一个种，但含该种中的两个及两个以上品种的草坪组合。该组合有较丰富的遗传特性，较能抵御外界不稳定的气候环境和病虫害多发的草坪场合，同时也具有较为一致的草坪外观。

c. 混播　是指在草坪组合中含有两个及两个以上的种及品种的草坪组合。其优点是使草坪有较广泛的遗传特性，因而草坪对外界具有更强的适应能力。但其缺点是草坪的一致性较差，常常景观不够理想。

d. 交播　是指在草坪过渡带地区，在暖季型草坪草休眠枯黄前一个月左右，将冷季型草坪草均匀地播种在其中，以填补冬季的绿色，使草坪四季保持绿色。待暖季型草坪草返青时，再通过超低修剪，逐渐削弱冷季型草坪草的生长势，直至枯死，仍由暖季型草坪草取代其生长。这种用两种或两种以上的草坪草种，在一年四季中交替生长的播种技术称为草坪的交播技术。也有的称之为草坪的覆播、盖播或补播。其优点是使草坪基本保持四季绿色，并使草坪具有广泛的遗传特性，对外界具有更强的适应能力。但其缺点是在两类草坪草交替时，草坪的一致性较差。

② 依据各草坪草种的数量及作用分类

a. 建群种　又称基本种，是永久性品种，体现草坪功能和适应能力的草种，通常在群落中的比重在50%以上。

b. 伴生种　又称辅助种，是草坪群体中第二重要的草坪草种，当建群种生长受到环境影响时，由它来维持和体现草坪的功能和对不良环境的适应，比重在30%左右。

c. 保护种　一般是发芽迅速、成坪快、一年生的草种，在群落组合中充分发挥先期生长优势，对草坪组合中的其他草坪草种起到先锋和保护作用。

d. 特殊种　在阴性地区、潮湿地区或其他不良环境下，需要有对这些不良环境有耐性的品种。

2）草坪组合的原则　草坪草的混播不是简单地把草坪草种混在一起播种，而应由一定的原则和依据标准。选择混播草种时应遵循以下原则。

① 目的性　提高草坪抗病性，常把对不同病害抗性较好的草坪草种或品种放在一起混合播种。如某些草地早熟禾品种抗褐斑病较好，但抗锈病能力差，秋季易发生锈病，可以选择另外的抗锈病的品种混合建植，从而提高草坪的总体抗病性；疏林下建坪时，由于树木分布不匀，树冠大小、遮阴不同，单一草坪草种很难适应各种场合，因而可在某一主导草种内加入耐阴性草种。

② 兼容性　不同草坪草混播后形成的草坪应该在色泽、质地、均一性、生长速度等方面相一致。如从美国进口的大多数改良型草地早熟禾品种颜色较深，与老的草地早熟禾品种（如公园等）浅绿色很难一致，混合播种后草坪颜色深浅不一，观赏质量差。很粗和很细的草坪草也不宜混播。

③ 生物学一致性　混播草坪的生态习性（如生长速度、扩繁方式、分生能力等）应该基本相同。如剪股颖、马尼拉、狗牙根分生能力很强，与其他类型的草坪草（如黑麦草、草地早熟禾）混播后，最后会出现块斑状分离现象，使草坪总体质量下降；生长太快和太慢的草种也不宜混播，易产生参差不齐的感觉，观赏价值下降。

④ 主导性　在考虑草坪混播时，应该首先确定最终结果是什么，得到的草坪应该以什么样的草坪草为主。如草地早熟禾发芽速度慢，建坪期间管理难度大，较易出现问题，如果用少量的黑麦草（占20%以下）混播，黑麦草先出苗、速生，可以起到保护作用，有利于草地早熟禾在草坪中发芽和出苗，但最终成坪的应以草地早熟禾为主要比例的草坪。

3）草坪组合的依据　在草坪混播原则的基础上，主要应依据

草坪草的生态特性选择混播品种。其主要依据有如下几个方面。

① 分生方式与竞争能力　有些草坪草种的分蘖能力和竞争能力很强，参与混播时，所占比例不能太大。如匍匐剪股颖、狗牙根类草坪草地下根茎和地上匍匐茎发达，分生能力特别强，即使播种较少，与其他混播也难以达到预期的目的；高羊茅和黑麦草主要是靠分蘖来扩繁的，其竞争能力是有限的，要得到以高羊茅和黑麦草为主的草坪必须加大播种量。

② 耐阴能力　草坪草的耐阴性在某些情况下是选择草坪草种的主要依据之一，耐阴性草坪草参与混播，可适应树下及背阴的环境。

③ 其他　其他指标如绿期长短、抗性（抗病、抗旱）强弱、耐践踏等，在某些情况下也应该考虑。

4）草坪组合中的一些问题

① 高羊茅类草坪草与其他类草坪草混播建坪，比例少时草坪常表现出植株高大、丛生，使草坪均匀性及感官质量降级，形成草坪上的“杂草”。

② 早熟禾与黑麦草混播，理想的是得到均匀一致的、高质量的草地早熟禾草坪，但在实践中很难达到，原因是管理不当和播种比例不当。

③ 紫羊茅与黑麦草或早熟禾混播，若在强光、高温、高湿条件下紫羊茅则难以生存，因而，在无遮阳的广场绿地上建植草坪，加入紫羊茅是一种浪费。

④ 剪股颖与其他类型草坪草混播，易产生斑块状，使草坪观赏质量下降甚至成为杂草。

⑤ 暖季型草坪草同冷季型草坪草混播。冷季型草坪草一般很难与暖季型草坪草混播，原因是夏季暖季型草坪草一般生长良好，要求施用足够氮肥，但此时冷季型草坪草则处于不适期，一般不可施用过量氮肥。

⑥ 暖季型草坪草间的混播，如马尼拉、结缕草和狗牙根生态习性差异很大，竞争能力有很大不同，在草坪中易分离成斑块状，因而不易混播或混植，否则会严重降低草坪总体质量。

(3) 种子质量和标签认定　种子质量和质量监督体系是确保市场上获得高品质草坪草商品种子的关键。影响草坪草种子质量的主要因素是纯度和活力。

① 种子纯度　纯度指某一种或某一栽培品种种子中含纯种子的百分率，如果纯度小于100%，另外的就是杂质、杂草种子和其他作物种子等。

② 种子活力　种子活力是指活种子的百分率或在某一标准实验室条件下的发芽率。

③ 纯活种子百分率　纯度和活力的乘积就是纯活种子百分率。

④ 种子标签　附在包装袋上的标签对于评价种子质量具有非常重要的作用。标签上标明了袋内每个草种或栽培品种的重量、种子纯度和杂草种子、作物种子、其他杂质的百分数，这些数据之和必须是100%。这些数据是通过抽样检测得到的，草坪草种不同抽样的数量也是不同的。

⑤ 种子监督　种子监督是一项为确保种子质量而对种子田间生产和精选包装进行监视的过程。种子监督机构是独立的、受政府管理的行政部门，对监督过程负有责任，以保证进入市场的草坪种子具有一定的标准。由种子监督机构所定标准的4个级别的种子如下。

a. 育种种子是所有许可种子（商业化种子）的基础，是由育种人员或研究单位提供，作为基础种子的基本种源。

b. 基础种子是用育种种子在大田种植生产出来的种子，这类种子包装袋上带有白色许可标签。

c. 注册种子是用基础种子在田间生产出来的，主要目的是为了提高供应量，注册种子包装袋上带有紫色许可标签。

d. 许可种子。消费者购到的是许可种子，是用基础种子或注册种子生产出来的，这类种子包装袋上带有蓝色标签。种子标签的颜色并不能保证种子质量是最好的，但能保证标签上所列的栽培品种是真的。

2.2.3 种植方法和种植过程

草坪建植方法概括起来有两大类，即有性（种子）繁殖法和无性（营养体）繁殖法。种子繁殖法又可分为播种法、植生带建植法、喷播法等；营养体繁殖法又可分为铺植法、直栽法、播茎法等。具体选用何种方法应根据成本、时间要求、繁殖材料、建坪目的等来确定。通常播种法建坪的草坪质量较高，费用较低，但成坪时间长，新草坪的养护管理难度大。铺植法建坪速度最快，能形成瞬时草坪，但费用较高。而具有强匍匐茎和强根茎生长习性的草坪草才可能用播茎法建坪。另外，某些草坪草由于得不到纯正的或具有活力的种子，则不能通过种子繁殖法建植。

（1）种子繁殖法建植草坪　大部分冷季型草坪草能用种子繁殖法建坪。暖季型草坪草中，假俭草、地毯草、野牛草和普通狗牙根均可用种子繁殖法建植，也可用营养体繁殖法来建植；结缕草也常用种子直播法建坪。

1）播种法建植草坪　播种法即用种子直接播种建植草坪的方法，是比较常用的建坪方法。大多数草坪草均可用种子直播法建坪。

2）播种时间　从理论上讲，草坪草在一年的任何时候均可播种。但在生产中，由于种子萌发的自然环境因子——气温是无法人为控制的。所以，建坪时必须抓住播种适期，以利种子萌发，提高幼苗成活率，保证幼苗有足够的生长时间且能正常越冬或越夏，并抑制苗期杂草的危害。如冷地型禾草最适宜的播种时间是夏末，暖地型草坪草则在春末和初夏。草坪草种子发芽适宜温度范围（表2-2）提供了草坪草种发芽适宜温度范围，供大面积建植参考。

表 2-2　草坪草种子发芽适宜温度范围

（引自《草坪栽培与养护》. 陈志一. 2000）

草种	适温范围/℃	草种	适温范围/℃
苇状羊茅	20～30	无芒雀麦	20～30
紫羊茅	15～20	沟叶结缕草	30～35
假俭草	20～35	黑麦草	20～30
羊茅	15～25	多花黑麦草	20～30
草地早熟禾	15～30	狗牙根	20～35
加拿大早熟禾	15～30	地毯草	20～35
普通早熟禾	20～30	两耳草	30～35
早熟禾	20～30	双穗雀稗	20～35
野牛草	20～25	百喜草	20～35
小糠草	20～30	结缕草	20～35
匍匐剪股颖	15～30	中华结缕草	20～35
细弱剪股颖	15～30	细叶结缕草	20～35

暖季型草坪草发芽温度相对较高，一般为 20～35℃，最适温度为 25～32℃。所以，暖季型草坪草必须在春末和夏初播种，这样才能有足够的时间和条件形成草坪。

冷季型草坪草发芽温度为 10～30℃，最适发芽温度为 20～25℃。所以，冷季型草坪草适宜播种期在春季、夏末和秋季。在春季日平均温度稳定通过 6～10℃，保证率 80%以上，至夏季日平均气温稳定达到 20℃之前；夏末日平均气温稳定降到 24℃以下，秋季日平均气温降到 15℃，均为播种适期。秋天播种杂草少，是最好的建坪季节。春天播种杂草多，病虫害多，管理难度较大。但是，在有树遮阴的地方建植草坪时，由于光线不足，会使草坪稀疏或导致建坪失败。在此条件下，春季播种比秋季播种建植要好，因

为春季落叶树的树叶较小、光照较好。

3）播种量　播种所遵循的一般原则是要保证足够量的种子发芽，每平方米出苗应在10000～20000株。根据这项原则，如果草地早熟禾种子的纯度为90%，发芽率为80%，每克种子有4×10^3粒时，每平方米应播3.6～7.2克种子。这个计算是假定所有的纯活种子都能出苗，而实际上由于种子的质量和播后环境条件的影响，幼苗的致死率可达50%，因此，草地早熟禾的建议播种量为6～8克/米²。特殊情况下，为加快成坪速度，可加大播种量。

草坪草种子的播种量除了取决于种子质量，还与草种的混合组成、土壤状况以及工程的性质有关。几种常用草坪草种在生产上的参考单播量见集中常用草坪草种参考单播量（表2-3）。

表2-3　集中常用草坪草种参考单播量

（引自《草坪建植与管理手册》. 韩烈保. 1999）

草种	正常播种量/(克/米²)	加大播种量/(克/米²)
普通狗牙根(不去壳)	4～6	8～10
普通狗牙根(去壳)	3～5	7～8
中华结缕草	5～7	8～10
草地早熟禾	6～8	10～13
普通早熟禾	6～8	10～13
紫羊茅	15～20	25～30
多年生黑麦草	30～35	40～45
高羊茅	30～35	40～50
剪股颖	4～6	8
一年生黑麦草	25～30	30～40

混播组合的播种量计算方法：当两种草混播时选择较高的播种

量，再根据混播的比例计算出每种草的用量。例如，若配制90%高羊茅和10%草地早熟禾混播组合，混播种量40克/米^2。首先，计算高羊茅的用量40克/米^2×90%=36克/米^2；然后，计算草地早熟禾的用量40克/米^2×10%=4克/米^2。

当播种量匡算出来之后，即可根据需要建植草坪的面积，计算出总的种子需要量。实际种子备量，一般取“足且略余5%～10%”为宜。对照实有的种子贮备量，若有多余，满足备补种子，多余的部分可及时转让。若数量不足，缺口又不大，宜做好播种前的种子处理，提高播种质量，争取少损失多出苗；若缺口较大，应及时补足。

4）播种方法　草坪草播种是把大量的种子均匀撒在坪床上，并把它们混入0.5～1.5厘米的表土层中，或覆土0.5～1.0厘米厚。播种过深或覆土过厚，导致出苗率下降；播种过浅或不覆土，种子会被地表径流冲走或发芽后干枯。一般播种深度以不超过种子长径的3倍为准。

播种的关键技术是把种子均匀地撒于坪床上，只要能达到均匀播种，用任何播种方法都可以。一般可把播种方法归纳为人工撒播和机械播种两类。

① 人工撒播　很多草坪是用人工撒播的方法建成的。这种方法要求工人播种技术熟练，否则很难达到播种均匀一致的要求。其优点是灵活，尤其在有乔木、灌木等障碍物的位置、坡地及狭长和小面积建植地上适用；缺点是播种不均匀，用种量不易控制，有时造成种子浪费。人工撒播大致分以下五步。

第一步，把建坪地划分成若干块或条。

第二步，把种子相应地分成若干份。

第三步，把种子均匀地撒播在相应的地块上，种子细小可掺细沙、细土，分2～3次横向、纵向均匀撒播。

第四步，用细齿耙轻耧或竹丝扫帚轻拍，使种子浅浅地混入表

土层。若覆土，所用细土也要分成相应的若干份撒盖在种子上。

第五步，轻度镇压，使种子与土壤紧密接触。

② 机械播种　在草坪建植时，使用机械播种可大大提高工作效率，尤其当草坪建植面积较大时，如各类运动场草坪的建植，适宜用机械完成。机械播种的优点是容易控制播种量、播种均匀、省时、省力；不足之处是不够灵活。常用播种机根据动力类型可分为手摇式播种机、手推式播种机和自行式播种机；根据种子下落方式可分为旋转式播种机和下落式播种机。经过校正的施肥器可用于小面积草坪定量播种。下面介绍几种比较常用的草坪播种机。

a. 手摇式播种机　手摇式播种机的工作特点是手摇动排种盘，从料袋下来的草籽经过旋转的排种盘时受到离心力的作用而撒开。手摇播种机适用小面积撒播草种，且要求操作者行走速度保持一致，手摇动均匀。

b. 手推式播种机　手推式播种机体积小、重量轻，操作维护方便。适用于小面积草坪播种、施肥。播种量可随意调节，撒播均匀。手推式播种机又分下落式和旋转式两种。在使用下落式播种机时，料斗中的种子可以通过基部一列小孔下落到草坪上，孔的大小可根据播种量的大小来调整。由于机具播种宽度受限，因而工作效率较低。

旋转式播种机的操作是随着操作者的行走，种子下落到料斗下面的小盘上，通过离心力将种子撒到半圆范围内。在控制好来回重复的范围时，此方式可以得到满意的效果，尤其对于大面积草坪，工作效率较高。

旋耕播种机简称旋播机，是一种把旋耕和播种作业工作部件组合在一起的联合作业机械。它利用旋耕刀将表层土壤和作物残茬打碎，然后直接进行播种，并利用旋耕刀旋耕起的碎土对种子进行覆盖，而不需要预先耕整地，因此旋耕播种机也是一种免耕（或少耕）播种机具。它的作业质量好，劳动生产率高，有利于降低生产成本、减轻劳动强度。旋耕播种机除了旋耕播种外，也可单独作旋耕机使用。

旋播机的配套动力有手扶拖拉机及轮式拖拉机等。其结构组成主要由旋耕刀滚、种子箱、排种器、镇压轮和传动机构等组成，包括旋耕和播种两大部分。旋耕部分，旋耕刀的直径一般比较小，多为300～350毫米，刀滚的转速比普通旋耕机要快一些，以利于打碎土壤，对种子进行覆盖。排种器多用塑料制成的外槽轮式排种器，结构简单、轻巧，工作可靠。

旋耕机常用调整镇压轮高低的方法改变碎土深度。镇压轮连接板上有多个孔，当把镇压轮连接到不同孔上时，它相对于旋耕刀的位置就不同，从而改变碎土深度。刮土器的位置可上下调节，因此可改变播种深度。

5）播后管理

①覆盖　对播种建植的草坪来说，覆盖是播后管理中的一项十分重要的内容。

a. 覆盖的目的　稳定土壤中的种子，防止暴雨或浇灌的冲刷，避免地表板结和径流，使土壤保持较高的渗透性；抗风蚀；保持土壤水分；调节坪床地表温度，夏天防止幼苗暴晒，冬天增加坪床温度，促进发芽。覆盖在护坡和反季节播种及北方地区尤为重要。

b. 覆盖材料　覆盖材料既可用专门生产的地膜、遮阳网、无纺布、草帘、草袋等，也可就地取材，用农作物秸秆、树叶、刨花、锯末等。北方地区多使用草帘、草袋进行覆盖。一般地膜用在冬季或秋季温度较低时，用于增温和保水。地膜的增温效果很明显，但使用时应注意避免烧苗，因此一定要把握好通风、揭膜时间。无纺布、遮阳网多用于坡地绿化，既起覆盖作用，又起固定作用。若用农作物秸秆进行覆盖，应注意秸秆中不要含有种穗，若有，可采用熏蒸法杀死种子。秸秆覆盖不得过厚，覆盖面积达2/3以上即可，覆盖后用竹竿压实或用绳子固定，以免被风吹走。锯

末、树叶等是无法再利用的覆盖物，使用前应先进行发酵，有条件的要进行消毒。

c. 覆盖物的揭除　一般早春、晚秋低温播种时覆地膜，主要目的是提高土壤温度。早春覆盖待温度回升后，幼苗分蘖分枝时揭膜；秋冬覆盖，持续低温可不揭膜，若幼苗生长健壮并具有抗寒能力可揭膜。夏季覆盖（如北方地区）主要起降温保水等作用，待苗出齐后必须揭去覆盖物，以免影响光合作用，但不宜过早，以免高温回芽，选择在阴天或晴天的傍晚揭除覆盖物。护坡覆盖主要目的是防冲刷、保水，若用无纺布、遮阳网可不揭，以增加土壤拉力，防止冲刷。

② 浇水　出苗前种子吸足水后才能进行一系列的生理生化反应，才能生根发芽。种子发芽后，夏天若水分不足易造成回芽，严重时导致种子死亡。因此，播种出苗阶段应保持坪床土壤呈湿润状态至苗出齐为止。一般来说，在新建坪时浇水要注意以下几个问题。

a. 一般在播种前24～48小时将坪床浇透水一遍，待坪床稍干燥，用钉耙重耙后再播种，这样可增加底墒，从而避免播后大量浇水造成冲刷和土壤板结。

b. 播种后至苗出齐阶段的浇水应坚持小水勤浇，喷水强度要小，以雾状喷灌（自动喷灌或人工喷灌）为好，以免造成种子移动，出苗不匀，或对幼苗造成机械损伤。

c. 北方习惯在播前不浇水，播后覆盖草帘或草袋，覆盖后第一次要浇足水，并经常检查墒情，及时补水，直至出苗。

d. 夏天温度较高时，中午不要浇水，因为这样容易造成烧苗，最好在清早或傍晚太阳落山时浇水。

③ 苗期管理　草坪草出苗至成坪前的管理都属苗期管理的范围。为了提高成坪速度和质量，同时降低管理费用，主要应实行以下管理措施。

a. 追肥　在施足基肥的基础上，草坪草出苗后7～10天，应及时首次施好分蘖肥、分枝肥。以速效肥为主。如尿素5克/米^{2}左右撒施，施后结合喷灌或浇水以提高肥效和防灼伤。第二、三次分枝肥和分蘖视苗情而定。一般可结合首次、二次剪草后施用。追肥施用量宜少不宜多，以“少吃多餐”为原则；施肥一定要保证均匀，否则会引起草坪草生长不均、叶色深浅不一，影响外观。

b. 灌溉、排水与蹲苗　苗期要适当控制浇水次数，适当蹲苗，可协调土壤水气条件，促进分枝、分蘖和根系扩展；调整地上部与地下部的生长比例；蹲苗还可预防病害。具体做法是：以浇透一次水为基础，然后任其自然蒸发，至1/2坪面土壤变灰白，再浇第二次水，至整个坪面土壤几乎变灰白，再浇第三次水。随着时间的推移，每次土壤变白后延长1～2天蹲苗时间，直到成坪。若遇大雨，应注意及时排水。

c. 修剪　依据草坪的种类和计划管理强度，当幼苗有50%达到或高于应修剪的高度时，开始第1次修剪。一般草坪在草高8～10米时开始修剪较好，球场草坪达5厘米时就可修剪。草坪修剪应遵循1/3原则，即每次修剪时，剪掉的部分不能超过草坪草自然高度（未剪前的高度）的1/3。如果修剪时土壤潮湿，剪草机容易在草坪上压出沟或把草坪草幼苗连根拔起，因此在修剪前应减少浇水，等土壤干燥、紧实后再修剪。剪草机的刀片一定要锋利。

d. 表施土壤及镇压表施土壤　对于匍匐型草坪草组成的新建草坪在修剪条件下的养护非常重要，可以促进匍匐茎不定芽的再生和地上枝条发育。表施土壤要注意以下几点：施用的材料质地和原坪床完全一致，或用土、沙和有机混合物，比例1∶1∶1最好；材料无杂草，无病虫等；草坪草修剪后再表施土壤，施后用锯刷拖平，避免土过厚将草坪草压在下面，形成秃斑；表施土壤后进行镇压，镇压常在剪草、表施土壤后进行，其作用是促进草坪草的分蘖、匍匐茎的生长，增加坪床整齐度，对抵制杂草也有作用；镇压

时不能采用太重或太轻的碾子，一般碾重 60～200 千克；镇压时土壤干湿要适度，可掌握在土表由灰变白的过程中进行；南方多雨潮湿地区要减少镇压次数。

e. 草坪保护　杂草防除在草坪成坪前一般不用化学除草。若有少量杂草应随时人工拔除。如人工除草有困难，最早也要到草坪草第 4 叶全展开后才能化学除草。病虫害防除密切注意病虫害的发生情况，一经发现应及时对症下药。

(2) 植生带法建植草坪　草坪植生带是指把草坪草种子均匀固定在两层无纺布或纸布之间形成的草坪建植材料。植生带法是草坪建植中的一项新技术，在北方应用较多，生产上已经工厂化。

植生带法的优点是：无须专门播种机械；铺植方便；适宜不同坡度地形；种子固定均匀；防止种子冲失；减少水分蒸发等。不足之处是：费用较高；小粒草坪草种子（如剪股颖种子）出苗困难；运输过程中可能引起种子脱离和移动，造成出苗不齐；种子播量固定，难以适合不同场合等。

① 植生带的材料组成

a. 载体。目前利用的载体主要有无纺布、植物碎屑、纸载体等。原则是播种后能在短期内降解，避免对环境造成污染；轻薄，具有良好物理强度。

b. 黏合剂。多采用水溶性胶黏合剂或具有黏性的树脂。可以把种子和载体黏合在一起。

c. 草种选择各种草坪草种子均可做成植生带。如草地早熟禾、高羊茅、黑麦草、自三叶等。种子的净度和发芽率一定要符合要求，否则制作工艺再好，做出的种子带也无使用价值。

② 加工工艺　目前国内外采用的加工工艺主要由双层热复合植生带生产工艺，单层点播植生带工艺，双层针刺复合匀播植生带工艺。近期我国推出冷复合法生产工艺。各种工艺各有优势和不足，目前都在改进和发展中。加工工艺的基本要求如下。

a. 种子植生带的加工工艺一定要保证种子不受损伤。包括机械磨损、冷热复合对种子活力的影响，确保种子的活力和发芽率。

b. 布种均匀，定位准确，保证播种的质量和密度。

c. 载体轻薄、均匀，不能有破损或漏洞。

d. 植生带的长度、宽度要一致，边沿要整齐。

e. 植生带中种子的发芽率不低于常规种子发芽率的95%。

③ 植生带的储存和运输　库房要整洁、卫生、干燥、通风。温度10～20℃，湿度不超过30%。植生带为易燃品，注意防火。预防杂菌污染及虫害、鼠害对植生带的危害。运输中防水、防潮、防磨损。

④ 植生带的铺设技术　整地要求精细整地，做到地面平整，土壤细碎，土层压实，避免虚空影响铺设质量。植生带的铺设将植生带展铺在整好的地面上，接边、搭头均按植生带的有效部分搭接好，以免漏播。然后在植生带覆土，覆土要细碎、均匀，一般厚度为0.5～1厘米。覆土后用磙镇压，使植生带和土壤紧密接触。

苗期管理植生带铺设完毕后即可浇水，采用微喷或细小水滴设备浇水，做到喷水均匀，喷力微小，以免冲走浮土，每天喷水2～3次，保持地表湿润。至苗出齐后，逐渐减少喷水次数，并适当进行叶面追肥，以促壮苗，40天左右即可成坪。

(3) 喷播法建植草坪　喷播法是以水为载体，将植物种子、纤维覆盖物、黏合剂、保水剂、肥料、染色剂等混合成均匀的浆状物，通过高压把草浆喷到土壤表面，施肥、覆盖与播种一次操作完成。喷播法主要适用于公路、铁路的路基、斜坡、堤坝护坡及高速公路两侧的隔离带和护坡进行绿化；也可用于高尔夫球场、飞机场建设等大型草坪的建植。

以上提到的一些斜坡地地表粗糙，不便进行人工或机械整地，使用常规方法建植达不到理想的效果。喷播材料中加入了黏结剂，喷播到地面后不会流动，干后比较牢固，能达到防风、防冲刷的目

的；又有保水剂和肥料，能满足植物种子萌发所需要的水分和养分，幼苗期一般不需要浇水施肥。是坡地绿化非常有效的一种方法。但是这种播种方法比较粗放，播后如遇干旱、大雨，都会遭受很大的损失。

① 喷播设备　主要由机械部分、搅拌部分、喷射部分、料罐部分等组成，一般安装在大型载重汽车上，施工时现场拌料现场喷播。

② 草浆的原料　草坪喷浆要求无毒、无害、无污染、黏着性强、保水性好、养分丰富。喷到地表能形成耐水膜，反复吸水不失黏性。能显著提高土壤团粒结构，有效地防止坡面浅层滑坡及径流，使种子、幼苗不流失。

浆一般包括水、黏合剂、纤维、染色剂、草坪草种子、复合肥等，根据情况可选择添加保水剂、松土剂、活性钙等。水作为溶剂，把纤维、草籽、肥料、黏合剂等均匀混合在一起。

纤维在水和动力作用下可形成均匀的悬浮液体，喷后能均匀地覆盖地表，具有包裹和固定种子、吸水保温、提高种子发芽率及防止冲刷的作用。这种纤维覆盖物是用木材、废弃报纸、纸制品、稻草、麦秸等为原料，经过热磨、干燥等物理加工方法加工成絮状纤维。纤维覆盖物一般在平地少用、坡地多用，用量60～120克/米^2。

黏合剂以高质量的自然胶、高分子聚合物等配方组成，水溶性好，并能形成胶状水混浆液，具有较强的黏合力、持水性和通透性。平地少用或不用，坡地多用；黏土少用，沙地多用。一般用量占纤维重的3%左右。

最好为复合肥，一般用量为2～3克/米^2。一般采用绿色，使水和纤维着色，用以指示界限，喷播后很容易检查是否漏播。活性钙用于调节土壤pH值。

保水剂是一种无毒、无害、无污染的水溶性高分子聚合物，具有强烈的保水性能。一般用量3～5克/米^2。湿润地区少用或不用，干旱地区用量多些。

草坪草种一般根据地域、用途和草坪草本身的特性选择草种，采用单播或混播的方式播种。

③ 喷播技术　整地在杂草较多的地方，要进行化学除草，一般在播前一周采用灭生性除草剂防除。喷播地段坡度不大的地方，可以进行耕作，但旋耕方向要与坡垂直，即沿等高线进行。要填平较大的冲蚀沟，沙土多的地段还需填土，以保证草坪草的生长需要。天气干旱时，最好在播前喷1次水。

喷头的选择根据不同的地形，可以选用不同的喷头。大型护坡工程或对质量要求不高的草坪，可以选用远程喷射喷嘴，其效率高，但均匀性差；小块面积或对质量要求高地草坪则采用扇形喷嘴或可调喷嘴，近距离实施喷植，效率相对较低但均匀性好。

喷播时，水与纤维覆盖物的重量比一般为30∶1。根据喷播机的容器容量，计算材料的一次用量，不同的机型一次用量也不同。一般先加水至罐的1/4处，开动水泵，使之旋转，再加水，然后依次加入种子、肥料、活性钙、保水剂、纤维覆盖物、黏合剂等，搅拌5～10分钟，使浆液混合均匀后才可喷播。

喷播时，离心泵把草浆压入软管，从喷头喷出，操作人员要把草浆均匀、连续地喷到地面上。每罐喷完，应及时加进1/4罐的水，并循环空转，防止上一罐的物料依附沉积在管道和泵中。完工后用1/4罐清水将罐、泵和管子清洗干净。

(4) 营养体繁殖法建植草坪　营养体繁殖法包括铺植法、直栽法、插枝条法和播茎法。除铺草皮之外，以上方法仅限于具有强匍匐茎和强根茎的草坪草的繁殖建坪。

营养体建植与播种相比，其主要优点是能迅速形成草坪，见效快，坪用效果直观；无性繁殖种性不易变异，观赏效果较好；营养体繁殖各方法对整地质量要求相对较低。主要缺点是：草皮块铲

运、种茎加工或铺（栽）植费时费工，成本较高。

1）铺植法　即用草皮或草毯铺植后，经分枝、分蘖和匍匐生长成坪。

① 草皮的生产　草皮是建植草坪绿地的重要材料之一，特点是能快速建成并实现绿色覆盖。随着我国草坪绿化事业的发展，草皮生产规模逐年扩大，成为快速建设绿地的重要手段之一。

a. 普通草皮的生产选择靠近路边、便于运输的地块，将土地仔细翻耕、平整压实，做到地面平整、土壤细碎。最好播前灌水。当土壤不黏脚时，疏松表土。用手工撒播或机械播种。播后用竹扫帚轻扫一遍或用细齿耙轻耧一遍，使种子和土壤充分接触，并起到覆土作用，平后镇压。根据天气情况适当浇水，保持地面湿润，要使用雾状喷头，以免冲刷种子。如果温度适宜，草地早熟禾各品种一般 8～12 天出苗，高羊茅、黑麦草 6～8 天出苗。苗期要注意及时清除杂草。长江以南地区草皮生产多采用水田，坪床准备好之后，先灌水，使土壤呈泥浆状，然后撒茎，边撒边拍使草茎与土壤紧密接触。一般 60 天左右即能成坪。

当草坪成坪后，有客户需要可立即铲（起）“草”。起草皮之前要提前 24 小时修剪并喷水，镇压保持土壤湿润，因为土壤干燥时起皮难，容易松散。传统的起草皮方法是先在草坪田内用刀划线，把草坪划成长 30～40 厘米、宽 20～30 厘米的块，然后用平底铁锹铲起，带土厚度 0.5 厘米左右。每 6～7 块扎成一捆。在卡车上码放整齐运送目的地。若用小型铲草皮机可铲成宽 32 厘米左右、长 1 米左右的块，卷成筒状装车码放，比人工铲草皮省工、省时，但铲草机带土厚（1～2 厘米）。有条件可采用大型起草皮机，一次作业可完成铲、切、滚卷并堆放在货盘上等工作，这种机械用于大面积草皮生产基地。

草皮带土厚度要尽可能薄，以减少土壤损失，而且草皮重量轻，易搬动。草皮装载运至建坪现场后要尽早及时铺植，以免草皮失水降低成活率。

b. 无土草毯的生产。生产无土草坪的场地要求平整，不能坑坑洼洼，具备微喷、遮阴条件的场地最为理想。隔离布最好是空隙在0.001～0.1毫米的化纤材料。致密的废旧编织袋是一种经济有效的隔离材料。塑料薄膜在有喷灌条件下也可使用。基质的配比为利于无土草坪根系良好生产和集结成坪，要求基质疏松而富含有机质。农作物秸秆、蘑菇废料、木屑、煤渣、珍珠岩等或其中几种按一定的体积配比而成的混合基质，可满足无土草坪生产的需要。基质材料要根据当地情况和经济有效的原则就地取材。草种选择冷季型和暖季型的高羊茅、草地早熟禾、剪股颖、狗牙根、百喜草、马蹄金等草坪草种，按不同季节均可选作无土草坪生产用种。不同草种的用种量视发芽率而定。管理播种后，水分以保持基质层湿润不翻白为宜，一般早晚各浇水1次。施肥时间和用量视生长情况而定，肥料以速效肥为主。在草高10厘米开始进行修剪，按1/3原则执行。同时要注意少量杂草的拔除和病虫害防治。移栽无土草坪茎叶盖度达到90%以上时就可移栽。铺植时要做到草坪与土壤的结合，铺后马上浇透水，保湿1周左右即可成活返青，以后进入正常的养护管理。

② 铺植方法

a. 满铺法（密铺法） 满铺是将草皮或草毯铺在整好的地上，将地面完全覆盖，人称“瞬时草坪”，但建坪的成本较高，常用来建植急用草坪或修补损坏的草坪。可采用人工或机械铺设。机械铺设通常是使用大型拖拉机带动起草皮机起皮，然后自动卷皮，运到建坪场地机械化铺植，这种方法常用于面积较大的场地，如各类运动场、高尔夫球场等。用人工或小型铲草皮机起出的草皮采用人工铺植。从场地边缘开始铺，草皮块之间保留1厘米左右的间隙，主要是防止草皮块在搬运途中干缩，浇水浸泡后，边缘出现膨大而凸起。第二行的草皮与第一行要错开，就像砌砖一样。为了避免人踩

在新铺的草皮上造成土壤凹陷留下脚印，可在草皮上放置一块木板，人站在木板上工作。铺植后用磙筒磙压，使草皮与土壤紧密接触，易于生根，然后浇透水。浇水后，立即用锄头或耙轻拍镇压，之后再浇水，把草叶冲洗干净，以利光合作用。如草皮一时不能用完，应一块一块地散开平放在遮阴处，若堆积起来会使叶色变黄，必要时还需浇水。

b. 间铺法　间铺是为了节约草皮材料。用长方形草皮块以间距3～6厘米或更大间距铺植在场地内，或用草皮块相间排列，铺植面积为总面积的1/2。铺植时也要压紧、浇水。使用间铺法比密铺法可节约草皮1/3～1/2，成本相应降低，但成坪时间相对较长。间铺法适用于匍匐性强的草种，如狗牙根、结缕草和剪股颖等。

相对于播种法建坪，铺植法具有成坪速度快的优点；但播种材料用量大，运输费用多，另外还要有专门的草皮生产基地。铺植时期黄河以北，可在当地的春季或雨季进行铺植法建坪。黄河以南五岭山脉以北的地区，暖季型草种以当地春季至雨季为佳，冷季型草种则分别以早春和夏末至中秋为好。五岭山脉以南全年可建立草坪，但以雨季为佳。材料要求铺植材料（普通草皮或无土草毯）无论带土与否，都应选择纯净、均匀、生长正常、无病虫害、人工栽植的成坪幼坪。幼龄而生长正常的建植材料是铺植后迅速生长发育的内在因素。成活管理铺植法建坪的关键是草皮的成活率，要为新铺植的草皮创造一个水、气、热协调的环境，尤其是土壤环境。铺设完毕，透水1次，以后土白即灌，少量多次，3片新叶后开始蹲苗。施肥、除杂草、病虫害防治等与密铺和间铺种植方式基本一致。

2）直栽法　直栽法是种植草坪块的方法。第一种也是最常用的直栽法是栽植正方形或圆形的草坪块，草坪块的大小约为5厘米×5厘米。栽植行间距为30～40厘米，栽植时应注意使草坪块上部与土壤表面齐平。结缕草常用此法建植草坪，其他多匍匐茎或强根茎的草坪草也可用此法建植。直栽法除了用在裸土建植草坪上外，还可用于把新品种引入现有的草坪中。例如，用直栽法能把草地早熟禾草坪转变成狗牙根或结缕草草坪，通常转换过程非常缓慢。

第二种直栽法是把草皮切成小的草坪草束，按一定的间隔尺寸栽植。这一过程可以用人工，也可以用机械完成。机械直栽法是采用带有正方形刀片的旋筒把草皮切成小块，通过机械进行直栽，这是一种高效的种植方法，特别适用于不能用种子建植的大面积草坪中。

3）插枝条法　枝条是单株草坪草或是含有几个节的植株的一部分，节上可以长出新的植株。插枝条法主要用来建植有匍匐茎的暖季型草坪草（如狗牙根、结缕草等），但也能用于匍匐剪股颖。

通常，把枝条种在条沟中，沟间距15～30厘米，深5～7厘米。每个枝条要有2～4个节，栽植过程中，要在条沟填土后使枝条的一部分露出土壤表面。枝条插完后要立刻磙压和灌溉，以加速草坪草的恢复和生长。也可以用上述直栽法中使用的机械来栽植枝条，它能够把枝（而非草坪块）成束地送入机器的滑槽内，并且自动地种植在条沟中。有时也可直接把枝条放在土壤表面，然后用扁棍把枝条插入土壤中。

4）播茎法　是把草坪草的匍匐茎均匀地撒在土壤表面，然后再覆土和轻轻磙压的建坪方法。播茎法在南方地区建坪的过程中运用较多，主要适用于具有匍匐茎的草坪草，常用的草坪草有狗牙根、结缕草、剪股颖、地毯草等。匍匐茎上的每一节都有不定根和不定芽，在适宜条件下都能生根发芽，利用这一生物学特性，可以把草坪草的匍匐茎作为播种材料。播茎法具有取材容易、成坪快、成本低的优点，但种茎的贮运较种子贮运麻烦。

草茎长度以带2～3个茎节为宜，采集后要及时进行撒播，用量为0.5千克/米^{2}左右。一般在坪床土壤潮而不湿的情况下，用人

工或机械把打碎的匍匐茎均匀地撒到坪床上，然后覆细土 0.5 厘米左右，部分覆盖草茎，或者用圆盘犁轻轻耙过，使匍匐茎部分插入土壤中。轻轻磙压后立即喷水，保持湿润，直至匍匐茎生根。

（5）草坪草繁殖新方法　草坪是城市绿化和体育场建设所必需的。传统的“铲”、“贴”繁殖系数低，且时间长。在稻麦两熟制地区，利用农作物的接茬空档繁殖草坪草，只需 80 天左右的时间，就可以形成草坪毯。这样既不影响粮食生产，又可增加收入。下面简要介绍这一技术。

① 繁殖草坪草的农作物茬口

a.“杂交水稻—草坪草—小麦”茬口　10 月上旬，杂交水稻收割后，将稻田加工成坪床，播种寒地型草坪草，11 月上中旬形成草坪毯；移坪后种小麦。

b.“水稻秧田—草坪草—晚稻”茬口　秧田拔秧后空茬秧板，可直接作坪床播种暖地型草坪草，7 月下旬形成草毯，移坪后栽插晚稻。

c.“油菜—草坪草—单季晚稻”茬口　5 月中下旬，油菜收割后，播种暖地型草坪草，6 月中下旬形成草毯，移坪后栽插单季晚稻。

② 培植草坪的材料

a. 草坪草营养体的繁殖。农田草坪草繁殖采用无性繁殖技术。要求选择优良的草坪草品种，其营养体经处理后备用。

b. 隔离层材料。农田生产草坪草，要在坪床上铺设隔离层，以阻止草根下扎，促使根部横向生长，达到盘根的要求，以利于形成草毯。

c. 栽培基质覆盖。草坪草营养体的材料，要质地疏松、保水性强、不夹带杂草种子，按比例拌均匀，并配合微量元素。

③ 播种和田间管理

a. 播种。播种量与草坪成毯的时间关系密切，播种时将草坪草营养体撒播在坪床上，及时覆盖栽培基质。

b. 灌溉。农田繁殖草坪草一般采用引水灌溉，灌水速度不超过栽培基质有效的吸水速度，草坪草生长过程中，要保证坪床湿润。移坪前停止灌水，促根炼苗，以利于移坪卷毯。

c. 施肥。一般以氮素营养为主，采取少量多次的施肥方法。为了防止烧坪，应在露水干后施肥，并及时灌水。在有条件的地方可用喷雾方法施肥。

d. 移坪。草坪地上部的覆盖率达 90%时，其下部的白根已连成片，形成网络层，抓住草坪的匍匐茎可使草坪与隔离层分离，这时便可移坪。移坪时从草坪的一端掀起，用卷席的方法卷成草坪毯，及时运往铺坪地点。一般一亩农田净植草坪草面积500 米^2。

第3章

草坪养护管理

任务提出

正确地进行草坪灌水，是草坪养护的关键；正确选择使用草坪修剪工具，能够按要求对草坪进行修剪；选择草坪需要的肥料种类，正确施用。

任务分析

（1）水是植物生长的必需条件，草坪缺水会影响草坪草生长，甚至导致干枯，严重时会死亡。灌水过多会影响草坪草根系生长，甚至腐烂，严重时也会导致草坪草死亡。确定草坪草灌水时间、灌水量是保证草坪质量的关键。

（2）不修剪的草坪会长得参差不齐，降低观赏效果，只能称之为草地。因此，修剪是草坪养护管理中最具特色的核心操作项目，也是维持优质草坪的重要作业。

（3）频繁的修剪带走大量养分，要保持草坪旺盛的生长和诱人的绿色，就必须对草坪进行施肥。通过科学的施肥，一方面提高土壤肥力水平，为草坪草的生长提供充足的营养物质；另一方面还可以提高草坪草的抗逆性，延长草坪绿期，维持草坪应有的功能。草坪施肥方案的制订，首先要了解草坪的营养特性，其次还要了解土壤肥力的状况。因土施肥、因草施肥，才能发挥施肥的最佳效果。为此，必须了解草坪草营养基础知识。

3.1 草坪的养护管理技术

俗话说“草坪三分种，要七分管”。草坪一旦建成，为保证草坪的坪床状态与持续利用，随之而来的是日常和定期的养护管理。对于不同类型的草坪，尽管在养护管理的强度上有所差异，但其养护的主要内容和措施大体是一致的。养护所采用的方法与强度，主要取决于草坪的类型、质量等级的要求、机械及劳力的有效性及草坪利用目的。

如果你不想你的草坪在一年之中经常出现麻烦，使你的草坪始终保持良好的外观和功能，那你必须有序地做好以下草坪的基本养护管理工作：有规律地修剪；在草坪草变褐之前浇水；及时剪切边界；在春季或早夏施以富含氮的肥料；在春季和秋季松耙草皮；当有虫害时及时灭虫；当杂草和地衣出现时及时消灭。

此外，还应视草坪状况，因地制宜地做好如下的辅助管理工作：草坪通气；盖以覆盖物；在秋季施复合肥；有规律地梳理草坪表面；对杂草、地衣、虫害及病害应进行日常检查和管理；当有褐色斑块出现时，应立即进行处理。在必要的时候，还应进行诸如碾压、施石灰、补播等特殊的养护措施。

3.1.1 覆盖

覆盖是用外部材料覆盖坪床的作业，作用在于减少侵蚀，并为幼苗萌发和草坪的提前返青提供一个更适宜的小环境。

(1) 覆盖时间　草坪何时需要覆盖：需稳定土壤和固定种子，以抗风和地表径流的侵蚀时；缓冲地表温度波动，保护已萌发种子和幼苗免遭温度变化而引起的危害时；为减少地表水分蒸发，提供一个较湿润的小环境时；减缓水滴的冲击能量，减少地表板结，使土壤保持较高的渗透速度时；晚秋、早春低温播种时；需草坪提前

返青和延迟枯黄时。

(2) 覆盖材料　可使用于草坪覆盖作业的材料尚多，应根据场地需要、来源、成本及局部的有效性来确定。草坪管理中常用的材料是不含杂草种子的秸秆，用量为0.4～0.5千克/米²。

禾草干草有与秸秆相似的作用，为防止杂草，宜采用早期收获的干草。

疏松的木质物，如木质纤维素、木片、刨花、锯木屑、切碎的树皮均为良好的覆盖材料。

大田作物中的某些有机残渣，如豆秧、压碎的玉米棒、蔗渣、甜菜渣、花生壳等也能成功地用以覆盖，但它们只具减少侵蚀的作用。

工业生产的玻璃纤维、干净的聚乙烯膜、弹性多聚乳胶均能用于覆盖。玻璃纤维丝是用特制压缩空气枪施用的，能形成持久覆盖，但它不利于以后的剪草，因此多用于坡地强制绿化。聚乙烯膜覆盖可产生温室效应，可加速种子萌生与提前草坪的返青。弹性多聚乳胶是可喷雾的物质，它仅能提高和稳定床土的抗侵蚀性。

(3) 覆盖方法　使用覆盖物的方法依所采用的材料而异。在小场地可人工铺盖秸秆、干草或薄膜。在多风的场地应用桩和细绳组成十字网固定。在大面积场地则用吹风机完成铺盖，吹风机先将材料铡碎，然后再均匀地喷撒在坪床面上。

木质纤维素和弹性多聚乳胶应先置于水中，使之在喷雾器中形成淤浆后，与种子和肥料配合使用。

3.1.2　修剪

草坪修剪的目的在于保持草坪整齐美丽、具吸引力的外观以及充分发挥草坪的坪用功能。修剪给草坪草以适度的刺激，抑制其向上生长，促进匍匐枝和枝条密度的提高。修剪还有利于日光进入草坪基层，使草坪健康生长。因此，修剪草坪是草坪养护管理的核心内容。草坪草具有生长点低位、壮实、致密生长和较快生长的特性，这就为草坪的修剪管理提供了可能。草坪修剪管理涉及多方面因素，要做到适度修剪必须处理好下述问题。

（1）修剪高度　草坪的修剪高度也称留茬高度，是指草坪修剪后即测得的地上枝条的垂直高度。各类草坪草忍受修剪的能力是不同的，因此，草坪草的适宜留茬高度应依草坪草的生理、形态学特征和使用目的来确定，以不影响草坪正常生长发育和功能发挥为原则。一般草坪草的留茬高度为3～4厘米，部分遮阴和损害较严重草坪的留茬高度应高一些。通常，当草坪草长到6厘米高时就应该修剪，从理论上讲，当草坪草的实际高度超出适宜留茬高度的1/3时，就必须修剪。

确定草种适宜的修剪高度是十分重要的，它是进行草坪修剪作业的直观依据，常见草坪草的适宜留茬高度见表3-1。

表3-1　常见草坪草的标准留茬高度

冷季型草种	修剪留茬高度/厘米	暖季型草种	修剪留茬高度/厘米
匍匐剪股颖	0.6～1.3	普通狗牙根	1.3～3.8
细弱剪股颖	1.3～2.5	杂种狗牙根	0.6～2.5
草地早熟禾	2.5～5.0	结缕草	1.3～5.0
加拿大早熟禾	6.0～10.1	野牛草	2.5～5.0
细叶羊茅	3.8～6.4	地毯草	2.5～5.0
紫羊茅	2.5～5.0	假俭草	2.5～5.0
高羊茅	3.8～7.6	巴哈雀稗	2.5～5.0
黑麦草	3.8～5.0	钝叶草	3.8～7.6
沙生冰草	3.8～6.4	格兰马草	5.0～6.4
扁碎冰草	3.8～7.6		

（2）修剪时期及次数　草坪的修剪时期与草坪草的生长发育相

关，一般而论，草坪修剪始于3月、末于10月，通常在晴朗的天气进行。

正确的修剪频率取决于多种因素，如草坪类型，草坪品质的多样化、天气、土壤肥力、草坪在一年中的生长状况和时间等。草坪草的高度是确定修剪与否的最好指标，草坪修剪应在草高达额定留茬高度的1～2倍时修剪掉一半为佳，按草坪修剪的1/3原则进行。通常，在草坪草旺盛生长的季节，草坪每周需修剪两次；在气温较低、干旱等条件下草坪草缓慢生长的季节则每周修剪一次。一般草坪在生长季内的修剪频率及次数见表3-2。

表3-2 草坪修剪的频率及次数

草坪类型	草坪草种类	修剪频率/（次/周）			修剪次数/（次/年）
		4～6月	7～8月	9～10月	
庭院	细叶结缕草	1	2～3	1	5～6
	剪股颖	2～3	3～4	2～3	15～20
公园	细叶结缕草	1	2～3	1	10～15
	剪股颖	2～3	3～4	2～3	20～30
竞技场、校园	细叶结缕草	2～3	3～4	2～3	20～30
	狗牙根	2～3	3～4	2～3	20～30
高尔夫球场	细叶结缕草	10～12	16～20	12	70～90
草坪	狗牙根	16～20	12	16～20	100～150

对于生长过高的草坪，一次修剪到标准留茬高度的做法是有害的。这样修剪会使草坪地上光合器官失去太多，过多地失去地上部和地下部的贮藏营养物质，致使草坪变黄、变弱，因此生长过高的草坪不能一次修剪到位，而应逐渐修剪到留茬高度。

（3）修剪质量　草坪修剪的质量与所使用剪草机的类型和修剪时草坪的状况有关。剪草机类型的选择、修剪方式的确定、修剪物的处理等均影响到草坪修剪的质量。

①剪草机的选择　修剪工具的选择应以能快速、舒适、大量地完成剪草作业，并以费用最低为原则。现行市场上草坪修剪机有近300种，其中镰刀和手剪可用于剪草，但修剪速度慢，修剪人也易疲劳，只限于修剪10米^{2}大小的草坪。大面积草坪剪草时宜采用剪草机。剪草机的种类繁多，依不同的标准可分为多种类型。

剪草机的选择可参考以下标准进行：草坪有多大；想用多少时间修剪完草坪；草坪是崎岖不平的或是粗糙的；是否要最好的修剪效果；安全的基本状况；是否将修剪下的草屑遗弃在草坪上；草坪是什么形状；草坪的坡度如何；需要自驱动的剪草机吗？

② 修剪方式　同一草坪，每次修剪应避免以同一种方式进行，要防止在同一地点、同一方向的多次重复修剪，否则，草坪草将趋于瘦弱和发生“纹理”现象（草叶趋向于一个方向的定向生长），使草坪不均衡生长。

③ 修剪物的处理　由剪草机修剪下的草坪草组织的总体称为修剪物或草屑。将草屑留放在草坪之内似乎有种诱惑力，这对养分回归草坪，改善干旱状况和防除苔藓的着生是有利的，同时还能省去搬除草屑所消耗的劳力。但是，在大多情况下留下草屑的弊大于利。留下的草屑利于杂草滋生，使草皮变得松软并易造成病虫害感染和流行，也易使草坪通气性受阻而使草坪过早退化。

草屑处理的一般原则是：每次修剪后，将草屑及时移出草坪，但若天气干热，也可将草屑留在草坪表面，以阻止土壤水分蒸发。

(4) 修剪作业注意事项

① 修剪前的准备工作　主要有：安装好刀片；选择恰当的剪草时间；清理草坪表面；梳理草坪；确定修剪起点和修剪方向；学习和掌握剪草机的性能；在秋季和冬季有大风时切勿剪草。

② 适宜的剪草作业时节　包括：当草坪面出现明显“纹理”现象时；选定了合适的剪草机械时；使用电动剪草机，确保电缆线远离剪草机，人畜离开时；剪草机手所穿的衣服符合安全作业要求

时；禁止小孩操作剪草机的规定落实时；集草箱及时清理，草屑能安全吸入时；接触电动剪草机装置前，确保电源已经切断时。

③ 修剪后剪草机的保养 分以下几种情况：将剪草机移置混凝土或坚硬的表面，断电或断油；用抹布和硬刷清理集草箱、刀片、转轴、圆筒和盖子等部位的草屑和泥土，使每个部位干燥，并用油抹布擦洗；用蓄电池为电源的剪草机，剪草后立即将电池更换，每 14 天检查电池一次，及时加蒸馏水，使液面保持在额定的部位；检查刀片，如刀片已损坏应及时更换，螺丝松动的应立即拧紧；及时打磨刀片，使之始终保持锋利状态；滚筒式剪草机应检查动刀和定刀的间隙，调整间隙，直到能将插入的纸条干净利落地切断时为止；当刀片出现缺口时，应及时用锉刀或金刚砂打磨；进行在链条上涂润滑剂、洗净空气滤清器等常规保养；汽油剪草机应检查油箱并及时添油，清洁油箱外部并消除漏油现象；电动剪草机则应仔细检查电源线和插头，使之始终保持完好和紧固的状态；将检修保养后的剪草机置于清洁安全的地方停放。

④ 长期置放的剪草机的处理 分以下几种情况：汽油机应排放出所有的润滑油和汽油，清理和调整每一个缝隙，清洁剪草机的每一个部位，用油抹布擦净；电池剪草机应取下电池，加满蒸馏水后贮藏在常温干燥处，彻底清洗剪草机并用油抹布擦净；电动剪草机应检查所有开关，仔细检查电线是否有开裂、损坏和老化情况，及时更换。彻底清洗剪草机后，用油抹布擦净。如剪草机剪切质量变差，功率下降，出现障碍时，应及时送到声誉良好的部门修理。

3.1.3 灌水

“没有水，草不能生长，没有灌溉，就不可能获得优质草坪”，足见水分的及时供给对草坪维持的重要性。当草坪草失去光泽，叶尖卷曲时，表示草坪水分不足，此时，若不及时灌水，草坪草将变黄，在极端的情况下还会因缺水而死亡。

草坪灌水，任何时候都不要只浇湿表面，而要认真浇透。频繁、浅层的浇水方式必然导致草坪草根系两层分布，从而大大地减弱了草坪对干旱和贫瘠的适应性。因此，增加草坪的抗旱能力是明智之举，具体的做法有：①在秋季，及时耙松紧实的草坪，草坪松耙后，适当进行表层覆盖；②在干旱季节，适当延长草坪的修剪日期，使草坪草在干旱天气下生长较长时间；③有规律地施肥，每年至少施一次肥，以促进根的生长。

（1）灌水时间　草坪何时需灌水，这在草坪管理中是一个复杂但又必须解决的问题，可用多种方法确定：

① 植株观察法　当草坪草缺水时，首先是出现膨压改变征兆，草坪草表现出不同程度的萎蔫，进而失去光泽，变成青绿色或灰绿色，此时需要灌水。

② 土壤含水量检测法　用小刀或土壤钻分层取土，当土壤干至10～15厘米时，草坪就需要浇水。干旱的土壤呈浅白色，而大多数土壤正常含水时呈暗黑色。

③ 仪器测定法　草坪土壤的水分状况可用张力计测定。在张力计陶瓷制作的杯状底部连接一个金属导管，在另一侧装有计数的土壤水压真空表，张力计中填充着水并插入土壤中，随着土壤的变干，水从张力计多孔的杯状底部向上运动而引起真空指数器指到较高的土壤水压，从而根据真空指数器的读数来确定灌水时间。也可用电阻电极来测定土壤含水量以确定灌水时间。

④ 蒸发皿法　在阳光充足的地区，可安置水分蒸发皿来粗略判断土壤蒸发散失的水量。除大风区外，蒸发皿的失水量大体等于草坪因蒸散而失去的耗水量。因此，在生产中常用蒸发皿系数来表示草坪草的需水量，典型草坪草的需水范围为蒸发皿蒸发量的50％～80％。在主要生长季节，暖地型草坪草的蒸发系数为55％～65％，冷地型草坪草为65％～80％。蒸发皿失水量与草坪草出现的膨压变化征兆密切相关。

草坪第一次灌水时，应首先检查地表状况，如果地表坚硬或被枯枝落叶所覆盖，最好先行打孔、划破、垂直修剪后再行灌水。灌水最好在凉爽天气的傍晚和早晨进行，以将蒸发量减到最小水平。

(2) 灌水次数　这主要依据床土类型和天气状况。通常，沙壤土比黏壤土易受干旱的影响，因而需频繁灌水，热干旱比冷干旱的天气需要更多地灌水。

草坪灌水频率无严格的规定，一般认为，在生长季内，在普通干旱的情况下，每周浇水 1 次；在特别干旱或床土保水性差时，则每周需灌水 2 次或 2 次以上；在凉爽的天气下则可减至每 10 天灌水 1 次。草坪灌水一般应遵循允许草坪干至一定程度再灌水的法则，这样以便带入空气，并刺激根向床土深层的扩展。那种每天喷灌 1～2 次的做法是不明智的，其结果将导致苔藓、杂草的蔓延和草坪浅根体系的形成。

(3) 灌水量　为了保证草坪的需水要求，床土计划湿润层中含水量应维持在一个适宜的范围内，通常把床土田间饱和持水量作为这个适宜范围的上限，它的下限应大于凋萎系数，一般约等于田间饱和持水量的 60%。

床土计划湿润层深度根据草坪草根系深度而定。一般草坪床土计划湿润层深度以 20～40 厘米为宜。当床土计划湿润层的土壤实际的田间持水量下降到田间饱和持水量的 60%时，就应进行浇水。

在一般条件下，草坪草在生长季内的干旱期，为保持草坪鲜绿，大概每周需补充 3～4 厘米水。在炎热和严重干旱的条件下，旺盛生长的草坪每周约需补充 6 厘米或更多的水分。

(4) 灌水方法与机具　草坪灌水主要以地面灌溉和喷灌为主要方式。地面灌溉常采用大水漫灌和胶管洒灌等多种方式。这种方法常因地形的限制而产生漏水、跑水和不均匀灌水等多项弊端，对水的浪费也大。在草坪管理中，最常采用的是喷灌。喷灌不受地形限制，还具灌水均匀、节省水源、便于管理、减少土壤板结、增加空气湿度等优点，因此，是草坪灌溉的理想方式。适于草坪的喷灌系统有移动式、固定式和半固定式三种类型。

（5）灌水技术要点

① 初建草坪。苗期最理想的灌水方式是微喷灌。出苗前每天灌水1～2次，土壤计划湿润层为5～10厘米。随苗出、苗壮逐渐减少灌水次数和增加灌水定额。低温季节，尽量避免白天浇水。

② 草坪成坪后至越冬前的生长期内，土壤计划湿润层按20～40厘米计，土壤含水量不应低于田间饱和持水量的60%。

③ 为减少病虫危害，在高温季节应尽量减少灌水次数，以下午浇水为佳。

④ 灌水应与施肥作业相配合。

⑤ 在冬季严寒的地区，入冬前必须灌好封冻水。封冻水应在地表刚刚出现冻结时进行，灌水量要大，以充分湿润40～50厘米的土层为度，以漫灌为宜，但要防止“冰盖”的发生。在来年春季土地开始融化之前、草坪开始萌动时灌好返青水。

（6）节水管理措施　在达到灌溉目的的前提下，利用综合管理技术减少草坪灌水量具有十分重要的现实意义。下列措施有助于节约用水。

① 在旱季，可适当提高草坪修剪的留茬高度2～3厘米。较高的留茬虽然增加了叶面积而使蒸腾作用有所增加，但较大叶量的遮阴作用，使土壤蒸发作用大大降低。

② 减少修剪次数，减少因修剪伤口而造成的水分损失。

③ 在干旱季节应少施肥。高比率的氮促进草坪草的营养生长，加大对水分的消耗量，施用磷钾肥则能增加草坪草的耐旱性。

④ 及时进行垂直修剪，以破除过厚的芜枝层，改善床土的透水性和促进根系的深层生长。

⑤ 过紧实的床土及时进行穿孔、打孔等通透作业，提高床土

的渗水贮水能力。

⑥ 少用除莠剂，避免对草坪草根系的伤害。

⑦ 新坪建植时，选择耐旱的草种及品种。

⑧ 床土制备时应增施有机质和土壤改良剂，提高床土的持水能力。

⑨ 灌溉前注意天气预报，避免在降雨前浇水。

3.1.4　施肥

草坪建植以后，人们关注的是如何保持草坪的适当生长速度和得到一个致密、均一、浓绿的草坪。由于氮肥可以使草坪增绿，叶片尤其绿；磷肥可促进草坪草根系的生长；钾肥可增强草坪草的抗性，因此给草坪合理施钾肥对草坪的维持是十分重要的。草坪的形成和生长需要在恰当的时节获得足够的肥料供给，对其营养的新需要与生长率同步。维持草坪的良好外观和坪用特性，生长季内频繁的修剪是必要的，但这也造成草坪养分的大量流失。对草坪自身的生长和对草坪的维持而言，施肥是必不可少的。

(1) 肥料　草坪草需要足量的 N、P、K 等常量元素和 Ca、Mg、S、Fe、Mo 等多种大量元素。这些营养元素在草坪生长和维持中具有不可替代的作用。

氮（N）肥富含于机体蛋白、核酸、叶绿素、植物激素等重要物质中。以铵态（NH_4^+）和硝态（NO_3^-）氮的形式进入草坪植株体，起到建造草坪草机体、生长肥大的叶片和增加草坪绿度的作用。

磷（P）肥以正磷酸根（$H_2PO_4^-$）的形式进入草坪植株体。它是细胞内磷脂、核酸和核蛋白的主要成分，起到调节能量的释放、促进植物体多种代谢活动进行的作用。

钾（K）肥富含于草坪植物体的分生组织中，以K^+形式通过根系吸收到植物体内，起促进碳水化合物的形成和运转、酶的活化和调节渗透压的作用。因此，经常供给钾肥，可明显提高草坪对不良生长环境的适应能力。

草坪必需的营养元素以多种形式存在于肥料之中，草坪管理中常用的肥料及特性见表3-3。

表3-3 草坪常用肥料

种类	性质	名称	有效成分含量/%	特点
氮肥	无机	硝酸铵	35	含氮量高
		硫酸铵	20	降低床土pH值
		氨水	20～29	注入床土
		硝酸钾	13.8	可供给两种营养
		硝酸钠	16	含一定量的钠
		尿素	46	易发挥淋失
	有机	干血	12	价格高、效果好
		鱼肥	8～10	渔副产品
		海鸟肥	10～14	来源于鸟粪
		蹄角	12～14	畜产品加工副产品
		煤灰	1～6	使用时要考虑溶解条件
磷肥	无机	托马斯磷肥	8～18.5	不溶，含少量石灰质
		磷石灰矿粉肥	25～39	不溶，使用潮湿酸性土壤
		磷酸氢二铵	53	可溶，集中混合使用
		磷酸铵	53	可溶，集中混合使用
		过磷酸钙	18	可溶，宜作基肥
	有机	骨粉	15～32	肥效慢，酸性土壤较好
		鱼肥	4～9	渔副产品
		海鸟粪	9～11	来源于鸟粪
		强化骨粉	27～28	表施，肥效快，安全

续表

种类	性质	名称	有效成分含量/%	特点
钾肥(K_2O)	无机	钾盐镁钒	14.5～30	含多种其他营养成分
		氯化钾	60	含氮和其他盐分
		硝酸钾	47	含氮素
		硫酸钾	48	用于不适合施KCl的地方
		硫酸钾镁	28	能平衡钾镁比例
	有机	鱼粉	1.8～3.0	—
		海鸟粪	1.8～3.6	—
		海藻	1.2	—
镁肥	无机	泻盐	7～9	可溶，喷洒
		硫镁钒	16	溶解于酸性土壤
		菱镁矿	27	宜用于酸性土壤
		镁质灰岩	3～12	宜用于酸性土壤
		硫酸钾镁	6.5	宜用于酸性土壤，钾镁至均衡
钙肥	无机	生石灰	—	易灼伤，不常用
		熟石灰	—	生石灰溶于水
		石膏	—	宜用于盐渍地

(2) 施肥时间　草坪施肥时间受床土类型、草坪利用目的、季节变化、大气和土壤的水分状况、草坪修剪后草屑的数量等因素的影响。从理论上讲，在一年中草坪有春季、夏季和秋季三个施肥期。通常，冷地型草坪草在早春和雨季要求高的营养水平，最重要的施肥时间是晚夏和深秋，高质量草坪最好是在春季进行1～2次施肥。而暖地型草坪草则在夏季需肥量较高，最重要的施肥时间是春末，第二次施肥宜安排在夏天，初春和晚夏施肥也有必要。此外，还可根据草坪的外观特征（如叶色、生长速度等）来确定施肥的时间，当草坪颜色明显褪绿和枝条变得稀疏时应进行施肥。在生

长季当草坪草颜色暗淡、发黄老叶枯死则需补施氮肥；叶片发红或暗绿则应补施磷肥；草坪草株体节部缩短，叶脉发黄，老叶枯死则应补钾肥。

（3）肥料施用计划　肥料施用的频率、种类和用量与人们对草坪的质量要求、天气状况、生长季的长短、土壤基况、灌溉水平、修剪物的去留、草坪用草品种等多种因素相关，草坪肥料施用计划应综合诸因素，科学制定，无一规范模式可循。草坪草在一年的生长季内对氮肥的需要量见表 3-4。

表 3-4　各类草坪草年需氮肥量（草坪学. 孙吉雄. 2004）

冷地型草坪草		暖地型草坪草	
草坪草名称	生长季内需纯氮肥量/（克/米^2）	草坪草名称	生长季内需纯氮肥量/（克/米^2）
匍茎剪股颖	20～30	狗牙根	20～40
草地早熟禾	20～30	钝叶草	15～25
细弱剪股颖	15～25	结缕草	15～25
绒毛剪股颖	15～25	巴哈雀稗	10～25
普通早熟禾	15～20	地毯草	10～15
高羊茅	15～20	假俭草	5～15
黑麦草	15～20	野牛草	5～10
粗茎早熟禾	10～20		
小糠草	10～20		
加拿大早熟禾	10～15		
紫羊茅	10～15		

就一般水平而论，我国草坪每年应施两次肥［N∶P∶K＝10∶6∶4（其中氮总量的1/2应为缓效氮）］，一次施量为 7～10 克/米^2。我国南方秋季施肥量为 4～5 克/米^2，北方春季施肥量为 3～4 克/米^2，N∶P∶K 约为 10∶8∶6。

不论采用何种施肥方式，肥料的均匀分布是施肥作业的基本要

求。手工撒播是广泛的使用方法，通常应将肥料分为两等份，横向撒一半，纵向撒一半，在量小时还可用沙拌肥，力求肥料在草坪内的均匀分布。液肥应注意用水稀释到安全浓度，采用喷施的方法。大面积草坪的施肥，可用专用撒肥机进行。

(4) 施肥技术要点

① 在草坪施肥措施中，最主要的是施氮肥。为了确保草坪养分平衡，不论是冷地型草，还是暖地型草，在生长季内至少要施1～2次复合肥。冷地型草最佳的施肥时期在春、秋两季，暖地型草在早春为宜。

② 肥料最好采用肥效释放较慢的种类，这种肥料对草坪草的刺激既长久又均一。天然的有机质或复合肥，其纯氮含量低于50%，不应视为缓效肥，无机速效肥的施肥一次不应超过5克/米^{2}纯氮。

③ 冷地型草坪草要避免在盛夏月份内施肥，暖地型草在温暖的春、夏生长发育旺盛，需很好地供肥。

④ 大多数草坪床土酸碱度应保持在pH值为6.5的范围内，地毯草和假俭草应保持在pH值为5的水平。床土的pH值应每隔3～5年测定一次，当低于正常值时则需在春、秋季末或冬季施石灰进行调整。

3.1.5 表施细土

草坪表施细土是将沙、土壤和有机质适当混合，均一施入草坪床土表面的作业。该作业的目的是填平坪床表面的小洼坑、建造理想的土壤层、补充养分、防止草坪的徒长和利于草坪的更新。正常的草坪不进行表施细土作业，但在下述情况下应施行表施细土作业。

在非常贫瘠的土壤上建坪时，表施筛去石头、杂质的沃土是很重要的。一次施用厚度应少于0.5厘米。表施细土后，应用金属刷将地拉平，以使细土落到草皮上。每隔几周重复上述作业，将逐渐产生一块较平坦的草坪。当草坪表面由于不规则定植，使新生草坪极不均一时，一次或多次表施细土可填补新生草皮的下陷部分。在由能产生大量匍匐茎的禾草组成的草坪上，定期表施细土有利于消除严重的表面絮结。对于絮结严重的地段，可先进行高密度划破作业，然后再表施细土。

（1）表施细土的时间和数量　表施细土在草坪草的萌芽期及生长期进行最好。通常夏型草（暖地型草）在4～7月和9月。冬型草（冷地型草）在3～6月和10～11月进行。表施细土的次数依草坪利用目的和草坪草的生育特点的不同而异，如庭院、公园等一般草坪可加大一次的施用量而减少施用次数；运动场草坪则要一次少施，施多次。一般草坪可1年1次，运动场草坪则1年需2～3次或更多。

（2）表施细土材料　表施细土材料应具备如下特性：①与床土无大差异；②肥料成分含量较低；③是具有沙、有机物、沃土和土壤材料的混合物。表施细土的沃土：沙：有机质=1：1：1或2：1：1。其中沃土最常采用经腐熟过筛后（直径在0.6厘米）的土壤；沙应采用不含碱、粒径不大、质地均一的河沙或山沙，有机质应采用腐熟的有机肥或良质泥炭；④混合土含水分较少；⑤不含有杂草种子、病菌、害虫等有害物质。

（3）技术要点

① 施土前必须先行剪草。

② 土壤材料应干燥并过筛。

③ 施肥应在施土前进行。

④ 一次施土厚度不宜超过0.5厘米，最好是用复合肥料撒播机进行。

⑤ 施后必须用金属刷拖。

3.1.6　碾压

为了求得一个平整紧实的坪面和使叶丛紧密而平整地生长，草坪需适时进行碾压。

（1）需进行碾压作业的时节

① 草皮铺植后。

② 幼坪第一次修剪后。

③ 成坪春季解冻后。

④ 生长季需叶丛紧密平整时。

（2）碾压方法　碾压可用人力推动重磙或用机械进行。重磙为空心的铁轮，可用装水、充沙或加取重体的方法来调节重量。碾压时手推轮重一般为60～200千克，机动磙轮为80～500千克。碾压时滚轮的重量依碾压的次数和目的而异，如为修整床面宜次少重压；由播种产生的幼苗则宜轻压（50～60千克）。

（3）碾压时期　碾压时期如出于栽培要求则宜在春夏草坪草生育期进行；若出于利用要求，则适宜在建坪后不久、降霜期、早春开始剪草时进行。

（4）注意事项

① 土壤黏重、土壤水分过多时不宜碾压。

② 草坪较弱时不宜碾压。

3.1.7　通气

通气是指对草皮进行穿洞划破等技术处理，以利土壤呼吸和水分、养分和肥料渗入床土中的作业，是改良草皮的物理性状和其他特性，以加快草皮有机质层分解，促进草坪地上部生长发育的一种培育措施。

（1）打孔（穿刺）　用实心的锥体插入草皮，深度不少于6厘米，其作用是促进床土的气体交换，促使水分、养分进入床土深层。打孔，只在草皮明显致密、絮结的地段进行，如：①降雨后有积水处；②在干旱时，草不正常地迅速变灰暗处；③苔藓蔓生处；④因重压而出现秃斑处；⑤杂草繁茂处。

打孔进行的最佳时间是秋季，通常在9月选择土地和水分状况较好的天气。首先打孔，然后轻压，这种处理有利于排水，同时在来年夏季干旱时节，可增强新形成根系的抗旱能力。

（2）除土芯（土芯耕作） 用专用机具从草坪土地中打孔并挖出土芯（草塞）的作业。

① 机具 除土芯机械（打孔机）很多，主要有旋转式和垂直式两种。垂直运动打孔机具空心的尖齿，作业时对草坪表面造成的破坏小，且打孔的深度可达8厘米，并同时具有向前和垂直两种动作。其工作速度较慢，约为10米^2/分钟。旋转式打孔机具有开放泥铲式空心尖齿，其优点是工作速度快，对草坪表面的破坏小，但深度较浅。

这两类打孔机根据尖齿的大小，挖出的土芯直径在6～18毫米，垂直高度也随床土的紧实度、容重、含水量和打孔机的穿透能力不同而异，通常应保持在8厘米左右，打孔密度约为36个/米^2。

② 时间 在干旱条件下进行除土芯作业，往往导致草坪严重脱水，因此除土芯作业宜在草坪草生长茂盛的良好条件下进行。除土芯作业应与灌水、施肥、补播、拖平等措施紧密配合，方能收到最佳效果。

（3）划破草皮 借助安装在圆盘上的一系列“V”形刀刺入草皮7～10厘米，以改良草坪的通气透水性的过程。该作业与打孔相似，只是穿刺的深度限制在3厘米以内。划破不存在土壤移出过程，对草坪的机械破坏较小，因此，在仲夏或其他不便于进行土芯作业的时间也可进行，不会产生草坪草脱水现象。在匍匐型草坪上划破时还能切断匍匐枝和根茎，有助于新枝的产生和发育。

（4）垂直刈割 借助安装在高速旋转水平轴上的刀片进行近地表面垂直刈割，是以清除草坪表面积累的有机质层或改善草皮表层

通透性为目的的一种养护措施。刀片在垂直刈割机上的安装分上、中、下三位。当刀片安置在上位时，可切掉匍匐枝或匍匐枝上的叶，以提高草坪的平齐性。当刀片中位时，可粉碎土芯作业时挖出的土块，使土壤再次掺和，有助于有机质分解。当刀片下位时，可除去地表积累的有机质层。

垂直刈割最好在草坪草生长旺盛、大气压小、环境有利于草坪草生长发育的时期进行。在温带，夏末或秋初适宜垂直刈割冷地型草；春末及夏初则适宜垂直刈割暖地型草。

（5）松耙　通过机械方式将草皮层上覆盖物除去的作业。它是用不同的机械设备耙松地表，使床土获得大量氧气、水分和养分，还能阻止苔藓和杂草的生长，并能消除真菌孢子萌发的场地。松耙一般在干旱供水时水不能很快渗入床土表层时进行。成熟草坪每年夏季应进行一次全面松耙。松耙通常用手动弹齿式耙进行。大面积松耙作业可用机引弹齿耙进行。

3.1.8　拖平

拖平是将一个重的钢织物或其他相似的设备拉过草坪表面的作业。除土芯作业和施细土后，通过拖平可首先粉碎浮在草坪表面的土块，然后均匀拖平分散到草坪上，并能刷掉粘在叶上的土壤，便于剪草或其他作业的进行。拖平与补播相结合有助于提高种子的发芽和成活率。草坪修剪前拖平，还可把匍匐在地上的杂草枝条带起来，便于修剪。拖平应在适度干燥时进行。

3.1.9　添加湿润剂

湿润剂是一种颗粒类型的表面活化剂或表面活性因子。湿润剂可以减小水的表面张力，提高水的湿润能力。这主要是由于表面活化剂在化学组成上和分子结构上（如具有亲水或喜水和亲脂或喜土的基因）的特点所决定的。表面活化剂分为阴离子、阳离子和无离子三种类型。阴离子湿润剂在土壤中容易被淋溶掉，所以阴离子的表面活化剂起作用的时间短。阳离子的表面活化剂可和带负电荷的黏土颗粒或土壤有机胶体紧密结合，所以不易被淋洗掉，在土壤中可长时间发挥作用，一旦干燥就能变成完全防水的土壤。无离子的湿润剂在土壤中最不易被淋溶掉，所以，起作用的时间最长，它分为酯、醚、乙醇三种类型。酯类湿润沙子的效果最好，醚对黏土的效果最好，而乙醇剂对土壤有机质的湿润效果最好。某些无离子的湿润剂是酯、醚和乙醇这三种物质的混合物，对沙土、黏土和有机质土壤都能有效地湿润。湿润剂的施用量一般随土壤类型的不同而异，一般在疏水土壤中湿润剂的浓度达到30～400毫克/千克时就行了。由于土壤微生物的降解作用，往往会降低土壤中湿润剂的浓度，缩短作用有效期。因此，为了使土壤具有足够浓度的湿润剂，每个生长季需要施用两次或更多次。

施用湿润剂不但能改善土壤与水的可湿性，还能减少水分的蒸发损失。在草坪草定植后能减少降水的地表径流量，减少土壤侵蚀，防止干旱斑和冻害的发生，提高土壤水分和养分的有效性，促进种子发芽和草坪草的生长发育。但是，若施用量过多或在异常的天气下施用，当湿润剂粘在叶子上时，会对草坪草产生危害。因此，不但要注意施用量和施用时期，而且在施用后应和灌水等措施紧密结合。由于危害性的大小随植物的种类而异，所以在一个新的草坪上施用新的湿润剂时，首先应进行小面积的试验。

3.1.10 草坪着色

草坪的颜料是具有不同颜色的一种特殊物质。添加草皮颜料就是用喷雾器或其他设备，将草皮颜料溶液喷于植物表面的一种过程。它可以使暖季休眠的草坪草或冷季越冬的草坪草变绿，或当草坪由于病害而褪色，或人们需要某种特殊颜料时，使草坪的颜色变

得合乎人们的要求，但这种措施必须和其他的措施配合进行。粘到草坪草叶上的这种颜料一旦干燥就能长时间存在而不掉，因此，喷颜料的时间最好在雨后，而不要在临下雨前进行。在使用一种新的颜料之前，必须进行小面积的试验。

3.1.11 损坏草坪的修补

草坪在使用过程中，由于人严重践踏草坪边缘，过度使用运动场区，险恶的天气（雨）下在运动场上进行运动，杀虫剂、除莠剂、杀菌剂的不正确使用，自然磨损及意外事件等，常造成局部草坪的损坏。损坏的草坪应及时修补，方法有补播和铺装草皮两种。当草坪使用不紧迫时可采用前法，但若要立即使用草坪则需采用快速恢复草坪的铺装法。补播时首先要将补播地块的表土稍加松动，然后撒播，使种子均匀进入床土。所用种子应与原草坪的一致，并进行催芽、拌肥、消毒等播前处理，其他处理应与建植时一致。

重铺草皮是一种耗资较大的修补方法，但它具有定植迅速的优点。修补的方法是：标出损坏地块；利用镘铲去掉损坏草皮；翻土，施肥（施入过磷酸钙以促生根）；紧实坪床；耙平床土；用健康草坪铺装，草皮应高出坪面6厘米；施大体积表肥（50%）＋堆肥和沙（50%），使之填入草皮块间隙；铺后确保2～3周内草皮不干透；如果地块较大，当草皮开始密接时，应进行镇压。

3.1.12 退化草坪的更新修复

草坪因草坪草组成的不良演替或表土介质理化性状的严重恶化而引起草坪严重退化，此时，只要在草坪质量等级允许的前提下，可对草坪局部进行强度较小的改造和定植。把低于重建草坪的一种改良更新退化草坪的措施叫“修复”，即修复是一种不完全耕作土壤条件下的部分或全部草坪的再植。

(1) 可进行修复改良的必要条件

① 草坪植被由完全可用选择性除莠剂杀灭的杂草构成。

② 草坪植被大部分由多年生杂草禾草组成。

③ 由昆虫或致病因素或其他原因严重损坏的草坪。

④ 有机质层过厚、土壤表层质地不均一、表层3～5厘米土壤严重板结的草坪。

在修复前，应弄清草坪退化的原因，对症下药，制定正确、切实可行的修复方案。

(2) 修复操作

① 坪床制备　坪床制备首先应考虑杂草防除，可用施除莠剂的方法完成。其次进行深度垂直刈割，在极端情况下进行划破，以彻底破除有机质层。当表土板结不严重时，也可进行强度的芯土耕作和拖平。土壤在耕作前，应施全价肥料，酸性土壤还需增施石灰。施量可视床土营养状况确定，通常施4克/米^{2}可溶解氮。

② 草种选择　修复可采用营养繁殖，但一旦坪床准备好后，大多采用种子繁殖，草种应选择完全适应当地环境条件的草种，也应考虑与总体草坪的一致性。

③ 种植修复的播种方法　常用的是撒播和圆盘播补。撒播采用标准播量，播后应浅耙和镇压。圆盘播种则由专用圆盘播种机完成，通常不再另行浅耙和镇压。

3.1.13　交播

交播也称覆播、追播或插播。交播是在亚热带，对暖季型草坪在秋季用冷季型草坪进行重播的一种技术措施，其目的是在暖季型草坪的休眠期获得一个良好外观的草坪，在生产中把这一技术称为“交播”。交播通常采用生长力强、建坪迅速、短寿的草种，如多年生黑麦草及由三个品种黑麦草组成的“博士”草为补播草种。交播

是快速改良草坪和延长草坪绿期的行之有效的措施。

3.1.14 封育

草坪如果受到过度践踏、高强度使用就会迅速衰败。在一定时间内限制草坪的使用，使草坪草得以休养生息，恢复到良好状态的养护措施叫封育。封育的实质是开放草坪的计划利用。新建草坪，因草坪草处于幼嫩时期，过早、过重的践踏，对幼坪生长发育不利，此时应采取措施，如立警告牌、拉隔离绳、设置围栏来阻止人们早期进入。对于成坪，在人类频繁活动的草坪地段，如足球场的球门区、露天草坪音乐会场、草坪赛马场的跑道等草坪利用强度较高的地段，应视草坪损坏程度进行封育。如定期移动足球场球门的位置、赛马场实行跑道使用的轮换制度、限制草坪音乐会场的人数和场次等方法进行调节。

为了使草坪封育收到良好效果，应准备充足的草坪以便轮换使用。用于轮换的草坪面积因季节和用途不同而不能一概而论。就全国而言，当园内草坪面积超过 5 公顷（1 公顷＝10000 米^2）时，除在入园人数特别多的特殊情况下，一般可将一半面积的草坪进行封育，余下的一半开放供人们使用。在草坪极度退化的地段，仅靠封育来恢复草坪是困难的和不经济的，因此应与其他的养护管理措施相配合，如与通气、施肥、表施土壤、补播等配合措施，可收到尽快恢复的效果。

3.1.15 保护体的设置

为缓和草坪践踏强度，增加草坪的承压力和耐水冲击能力，防止草坪因机械损伤产生的枯萎现象，可在草坪表层床土内设置强化塑料等制成的片状、网状、瓦楞状的保护体，以增强草坪的抗压性。践踏使床土板结的程度随深度的增加而急剧减弱，冲刷也首先产生于地表，因此，即使只在草坪表面设置保护体，也能起到良好的抗压和抗水蚀作用。在草坪实践中，使用较为广泛的是三维植被网。三维植被网是以热塑性树脂为原料，经挤出、拉伸等工序精制而成。它无腐蚀性，化学性质稳定，对大气、土壤、微生物呈惰性，对环境无污染与残留。三维植被网的底层为一个高质量基础层，采用双向拉伸技术。其强度大，足以防止植被网变形，并能有效地固土、承压和防止水土流失。三维植被网的表层为一起泡层，蓬松的网包以便填入土壤，以利于种入的草种和床土的结合。三维植被网的安装步骤如下。

① 整理预铺植被网的坡面至平整。

② 置50～75毫米土壤于平整好的坡面上。

③ 将三维植被网置于坡面上，搭接宽度不得少于10毫米。

④ 用固定钉或低碳钢钉沿三维植被网四周以1.5米间距固定。

⑤ 将每幅草皮的坡肩及坡脚沟填起部分做好，以固定植被网（沟深0.25米，宽0.45米）。

⑥ 将草籽播于植被网。

⑦ 将松土填满植被网。

⑧ 在坡面上第二次播种草籽并施种肥（视具体需要而定），轻轻夯实土壤表层。

3.2 特殊草坪的养护管理

3.2.1 遮阴部分的草坪

几乎所有的庭院和公园都有一些草坪难以生长的区域，其原因是阳光的直接照射受到了限制。即使是最耐阴的植物，为了健康生长和生存也必须每日有一定的直射光照。每天上午8:00到下午6:00，如果没有至少2小时的直射光照，部分蔽阴区的草坪就不可能有良好的覆盖。在完全蔽阴的地方最好引种其他类型的植物，如常春藤、长春花、板凳果以及其他耐阴性植物。

（1）树的荫蔽 树的荫蔽有两种类型，即落叶树和常绿树产生的荫蔽。一些落叶树种，如桉树、榆树、大槭树和橡树等，可以让大量的阳光通过叶冠以满足地表耐阴草坪的最小需要。其他树种，如挪威枫树，则因其致密的叶冠而完全荫蔽了地表。在荫蔽度大的地方可采取一些好的改良措施，如每年修剪生长旺盛的树木，砍去较低的树枝，使其保持在18～30厘米的高度，以及削薄树冠层，从而使阳光照射到地表。修剪对常绿树更重要，合理的修剪既不伤害树木又能美化树木或使其健康生长。修剪并非对任何重叠生长都是适合且正确的方法。在新育林区，砍掉过多的小树较为普遍，但当树木长大后，管理者则明显地不愿砍掉一些树木。要想有树又有草，实际上最基本的是砍掉过多的树枝以满足耐阴草坪草对光照的需要，没有其他方法能替代合适的光照。很明显，改变光的不足对拥有高密度树冠的常绿树和落叶树木较其他稀疏树冠的树木要困难得多。

（2）树根的竞争 树和草在上层土壤中对土壤水分和营养物质的激烈竞争是部分荫蔽区草坪问题的一部分。对树施肥应在树冠下50厘米深的地下以钻孔和打穴的方式进行，这个深度在草根层以下，因为树的营养靠深层根系供给，砍除地表的树根，从而减少了对草坪草的干扰。其草坪的施肥则同普通草坪一样。

在较老又较大的树下，毋庸置疑，每年必须撒施过筛的土壤到地表以保持土表的相对平坦。大量的树根，即使在一定的密度下，也会向上隆起而影响美观，这就是必须加入过筛土壤的原因。

（3）荫蔽区草坪的更新 在没修剪的树下和没特殊培育的草坪中，退化草坪及其裸露区的改良总是可能的，检查是否要进行树木修剪，是否要改变不合理的地表排水及土表平整状况和土壤的过高酸度。特别是在常绿树下，当这些不良条件改变后，则可用耐阴的草坪草种重新建植。在凉爽的落叶树下，补播重建应计划在夏末或秋初的无叶期间进行。在北方常绿树下，初春是补播或种植草坪的较好季节。在暖季草坪草生长的温暖地区，则在春季草坪草开始生长后不久进行。使用耐阴草坪草是必要的。温凉地区，以草地早熟禾和紫羊茅为优势种；温暖地区可选用草地早熟禾、地毯草、假俭草、结缕草等。坪床的准备作业中，使用松土机械疏松土壤和混施一定量的石灰和肥料是必需的。较为理想的做法是为确保一个良好的坪床而在表层铺上一层薄的筛过的土壤，因为生草土不可能很深，而仅依赖于上层5～10厘米的土层。

在坪床准备好后，按普通方式播种和植入草皮。在草坪建植好前，用细雾状喷头浇水，使草坪内保持适宜湿度。防止土壤侵蚀和过多水分的蒸发，有必要轻轻盖上一层覆盖物。

（4）秋季落叶的清除　秋季落叶树的落叶应周期性地清除，以免覆盖草坪而拦截光照。在清除叶片时要注意尽量避免伤害草坪草的幼苗。除修剪留茬应高一些外，蔽阴区草坪的管理和其他草坪相似。一般而言，修剪不应低于4厘米。由于光照的减弱，草坪草大多直立生长，因此，过低的修剪对荫蔽区的草坪草较充分光照下草坪草的伤害更大。

3.2.2　坡地草坪

虽然在坡地建植健康的草坪比一般地区要困难得多，但也有克服这种困难的许多方法。陡峭坡地上草坪的成功建植取决于种植前土壤的适当准备、适宜草种的选用、种植的合适季节和注意大雨对新建区的冲刷。对较陡坡地，无论是其适用的价值还是总体作用，移植块状草皮可能是建植这一类型草坪的最佳方式。

（1）坡地干旱性　因为雨水和灌溉水常常流失，干旱是坡地的显著特征。修剪这类草坪时，留茬应较平地高。要特别注意，施入适量的肥料和石灰以形成致密的草坪要比矮小稀疏的草坪地有更少的流失。潮湿区内施入石灰保持草坪上水的渗透有很重要的作用。

（2）坡地草坪的补播　用好的草皮植入坡地的最好季节在北方

是初秋，而南方则在初夏。最好选用深根系和耐干旱的草坪草。紫羊茅最适合在北方与早熟禾混播，而南方则与狗牙根混播。播种后应覆盖特殊的网眼状粗麻布或结实的无纺布，以减少雨水冲刷侵蚀和防止地表水分的蒸发。这些覆盖物应用短桩以一定间隔永久固定。草坪草幼苗能通过网眼毫无困难地生长，这些留下来的纤维物品腐烂后，即变成土壤腐殖质的一部分。当草坪草生长到开始修剪的高度时，桩应移走。

(3) 坡地草坪的管理　对大坡地草坪，其草坪草的经常性养护管理较平坦地区应付出更多的努力。需要更经常地浇水，而且水应缓慢灌入，以便有渗透的时间，使水不流失。调整喷水设施，让水以同一速度被草坪草吸收，当水湿润土壤达15厘米深时就应停止浇水。应特别注意斜坡的上面，因为它是遭受干旱最严重的地区。坡地草坪修剪高度应大于平地，一般为4.5厘米或更高，但草坪高度高于7.5厘米，则是不理想的，这将导致草坪稀疏而不能持久。

3.2.3 退化草坪的更新

(1) 草坪退化的原因

① 养护管理不善　不科学的养护管理使草坪土壤性状变差，枯草层过厚，杂草和病虫害严重，导致草坪草生长减弱，草坪自然更新能力差，未老先衰。如过度修剪导致草坪退化，过度干旱导致土壤板结，氮素营养过剩、磷钾营养不足导致草坪草抗逆性下降，病虫害严重等。

② 草坪已到衰退期　草坪建植几年后，草坪草已到正常的衰退期。

③ 草种选择不当　草种选择不当，不能完全适应当地的气候、土壤条件，或不能满足草坪的坪用要求，出现生长发育不良。如运动草坪选用了耐践踏力不强的草种，使用过程中必然出现草坪衰退

现象。

④ 过度使用　例如过度践踏导致的草坪衰退。公园、住宅区、学校等开放性的草坪以及运动场草坪都容易出现这种情况。

(2) 草坪复壮方法

① 养护复壮法　对于养护不善造成的草坪退化可对症下药，清除致衰原因，加强全面的超常养护管理。出于枯草层过厚引起的草坪生长不良，可以进行垂直修剪、梳耙、表施土壤等作业加以改善。由于杂草丛生而影响到草坪草生长发育时，可人工拔除杂草或施用除草剂消灭杂草。由病虫害引起的草坪退化，也可施用杀虫剂和杀菌剂防治。不管是哪种情况，都要多种养护管理措施配合使用，进行全面的超常养护管理，才能达到草坪复壮的目的。

② 补种复壮法　对于已经造成大面积土壤裸露的草坪，则需补种、补植或补铺。对于寿命较短、寿限将至的草坪，可根据草坪草的生长情况，每年或间隔相应年份对草坪进行补种复壮。

a. 补播。补播的具体做法是于最佳播种季节，先对草坪进行修剪、打孔等作业，然后补撒原建草坪草种的种子，让种子落入孔内或松土上，之后进行表施土壤、灌溉等作业。撒下的种子萌发成新植株后，即形成新老植株并存和交替相继的格局，达到延长草坪使用期限的目的。注意所用种子应与原草坪草种一致，并应进行适当的催芽、拌肥、消毒等播前处理。

b. 补植。补植的具体做法是先标出需补植的草坪，用铲子铲除原有草皮，然后翻施肥、平整、开沟（一般沟深 5～8 厘米，沟距 15～20 厘米），将匍匐枝种植在沟里，压紧，使匍匐枝与土壤接触良好，最后灌溉。

c. 补铺。补铺的具体做法是先标出要补铺的草坪，用铲子铲除原有草皮，然后翻土、施肥、平整、滚压、铺草皮，最后灌溉、轻轻滚压，使草皮根系与土壤接触良好，之后加强水肥管理，几周

后可恢复原有草坪景观。

d. 抽条法。匍匐剪股颖、草地早熟禾、狗牙根等具有匍匐茎、根状茎的草坪草，形成草坪到一定年限后，营养器官密集老化，蔓延能力衰退。这类草坪可以每隔几年在草坪上隔70厘米挖取30厘米宽的更新带，然后疏松土壤，用掺有堆肥或泥炭的改良壤土或沙垫平，垫平用的土壤结构与草坪原土壤结构相同。不久，草坪存留部分发出的新匍匐茎、根状茎蔓延入肥土中，布满新植株，1～2年后对留的条状草坪重复一次。如此循环往复，3～4年后就可全面复壮一次。

(3) 退化草坪的更新　草坪长期使用导致土壤板结，根系生长严重受阻，草坪严重退化；多年生杂草入侵，导致草坪群落组成不良更替；病虫害危害严重，草坪产生大面积空秃；枯草层过厚等情形时，草坪无保留价值、养护价值而进行重新建植的过程叫"更新"。

更新、修复操作技术要求同草坪建植。包括坪床准备、草种选择、种植和培育四项。

3.2.4　临时草坪

在永久草坪建植前，由于季节或其他不良土壤条件（如土壤质地、交通践踏等）不能播种，常常需要一种临时草坪草来覆盖这些地区。对这类需要，在温度足够草坪草生长的条件下，几星期内就能生产一个良好的绿色草坪。黑麦草、紫羊茅可满足这类临时草坪的要求。这类临时草坪建植前只要撒施一定量的全价肥料（如果需要，也可撒入一定量的石灰），并将它们用适当的耕作机械埋入地表十几厘米深处。播量为10～20克/米^2，播后耙匀。为了迅速发芽和生长，应经常性地浇水。草坪草长到10厘米高时开始修剪，但修剪高度不能低于5厘米。这类草坪草不耐修剪，如果留茬不当，它们将很快地退化并死亡。意大利黑麦草生长期最短，故它仅能使用在只需覆盖 2～3 个月的地区，不过它的生长速度最快。多年生黑麦草和高羊茅耐阴，如果需要也能持续两年或更长时间。南方的夏季，无论是荫蔽区或日照区内，高羊茅可能是临时草坪最好的选择。

第4章 园林绿化草坪保护

任务提出

通过对杂草的认识与了解，能正确地区分杂草和草坪草；通过科学的方法防除杂草，保持草坪草的优良表现；通过识别草坪病害和虫害的病症和类型，查找产生病害的原因，确定病原微生物种类，进行综合治理。

任务分析

(1) 杂草是危害草坪草生长的一类有机物，杂草不仅影响草坪的美观，而且还会带来经济损失。通过对杂草的识别和科学的防治，可有效地提高草坪草的表现，同时提高草坪草的经济价值。

(2) 草坪草常常会受到各种病原菌的侵染和危害，出现变色、枯死、萎蔫、腐烂等症状，严重影响草坪的整体观赏价值和使用价值，降低草坪质量和可用年限。因此掌握草坪草的主要病害症状与发生规律，可以有针对性地进行防治，从而有效控制草坪主要病害的发生和危害。

(3) 准确鉴定草坪害虫和草坪危害物是指引起草坪品质、欣赏价值或功能等方面显著退化的任何有机体。危害物包括杂草、致病病菌、某些昆虫及其他有危害作用的动物。为确保草坪的高品质和功能的充分发挥，对草坪施行科学的保护管理是十分必要的。

4.1 草坪杂草防除

任何植物出现在人们不愿意它出现的草坪之中时就称为草坪杂草。如果草坪中有其他植物生长或存在，很可能会影响草坪的密度、颜色或质地，即使它们是草坪草，这些植物也被认为是草坪中的杂草。因此，草坪杂草也是草坪上除栽培的草坪植物以外的其他植物。

应该指出，杂草是一个相对的概念，具有一定的时空性。在时间上，同一种植物某一时间下是杂草，这个时间以外，就不一定是杂草；在空间上，同一种植物在某地范围内是杂草，在其他地方是一种很好的草坪草。当高羊茅出现在绿地时是合适的，但当它出现在高质量的草坪中（如高尔夫球场的果岭）时就成为杂草。匍匐剪股颖建植高尔夫球场时是优良的草种，但混入草地早熟禾时，则因构成斑块而需要防除。有些植物（如藜、蒲公英、车前草等）不论在哪种草坪中，都被看成是杂草。杂草损害草坪的整体外观，并与草坪草竞争阳光、水分、矿物质和空间，降低草坪草的生活力。

4.1.1 草坪杂草的类型

草坪杂草的种类很多，据报道，我国目前已发现杂草种类1000种以上，常见杂草有600种左右，草坪杂草近450种，分属45个科，其中主要杂草有60种。草坪杂草在分类学上可分为单子叶杂草和双子叶杂草两大类群。单子叶草坪杂草多属禾本科。少数属莎草科，其形态特征是须根系、叶细长、叶脉平行、无叶柄。双子叶杂草与单子叶杂草相比，分属多个科，其形态特征是直根系，叶片宽阔，掌状或网状叶脉，常具叶柄。

依据防治目的，杂草又可分为三个基本种类，即一年生杂草、多年生杂草和阔叶杂草。依此可采用不同的除草剂进行防除。

（1）根据生活周期分类　草坪杂草依其生活周期可分为一年生、二年生和多年生杂草。

①一年生杂草　在一年的时间内完成其生活周期。它包括冬季一年生植物（在夏末或秋初发芽，冬季休眠，来年春天又继续生长，在夏季产生种子后枯死，如筋摔草）和夏季一年生植物（夏季萌发到秋季温度变冷时枯死，在生长季内产生的种子落入土壤过冬，来年春季土温升高时重新萌发生长），如藜、稗草等。

②二年生杂草　在两年时间内完成其生活周期。种子在春季萌发，第一年只进行营养生长。第二年开花结实，如黄花蒿、牛蒡、萎陵菜、夏至草等。这类杂草较少，对草坪的危害也较小。

③多年生杂草　在3年或3年以上的时间内完成其生活周期；既能通过种子繁殖，又能以其营养器官繁殖。因营养繁殖的方式不同，又可分为匍匐茎类，如狗牙根、结缕草等；根状茎类，如芦苇、蒲公英、车前草等。细茎冰草、香头草和白三叶等匍匐型多年生杂草，则是通过地下茎、匍匐枝及地下营养储藏器官的球茎、块根等进行蔓延与繁殖。多年生杂草耐药性强且不易除尽。

（2）根据除草剂的防除对象分类　根据除草剂的防除对象的不同可把杂草分成3大类，即禾本科杂草、莎草科杂草和阔叶杂草。禾本科杂草和莎草科杂草统称为单子叶杂草，阔叶杂草又称为双子叶杂草。单子叶杂草是指在种子胚内只含有一片子叶的杂草。双子叶杂草是指在种子胚内含有两片子叶的杂草。

①禾本科杂草　主要形态特征：叶片狭长，茎圆筒形，节与节之间常中空，须根系。如稗草、马唐、牛筋草、早熟禾等。

②莎草科杂草　与禾本科杂草的主要区别是：茎大多为三棱形、实心、无节，少数为圆柱形、空心。如香附子、碎米莎草、水

娱蚁等。

③ 阔叶杂草　主要形态特征：叶片圆形、心形或菱形，叶脉常为掌状或网状，茎圆形或方形。如空心莲子草、一年蓬、荨菜等。

4.1.2　草坪杂草的种类

草坪杂草种类较多，有些草类因草坪的类型、使用目的、培育程度不同，在某些情况下可作为草坪草，并能形成优质草坪，而在另一些情况下则是草坪杂草，应予以灭除。在我国，常见的单子叶一年生草坪杂草有狗尾草、马唐、褐穗莎草、画眉草、虎尾草等。多年生杂草有香附子、冰草、白茅等。双子叶一年生杂草有灰菜、苋菜、马齿苋、蒺藜、鸡眼草、萹蓄等。二年生杂草有萎陵菜、夏至草、附地菜、臭蒿、独行菜等。多年生杂草有苦菜、田旋花、蒲公英、车前草等。

中国目前杂草的种类有1万多种，草坪杂草约有450种左右，分属45科、127属。其中：菊科47种；梨科18种；蔷薇科11种；禾本科9种；玄参科18种；莎草科16种；石竹科14种；唇形科28种；豆科27种；伞形科12种；蓼科27种；十字花科25种；毛莨科15种；茄科11种；大戟科11种；百合科8种；罂粟科7种；龙胆科7种。

根据防治目的可把草坪杂草分为三类，即一年生杂草、多年生杂草和阔叶杂草。

(1) 一年生杂草

① 一年生早熟禾（*Poa annua* L.）又名稍草、绒球草。冬季一年生禾草，疏丛型或匍匐茎型，株高不超过20厘米，在潮湿遮阳的土壤中生长良好。在寒冷气候条件下，在草坪中产生旺盛生长的淡绿色稠密斑块，在炎热的夏季经常死亡，并留下枯黄斑块，整个生长季均能抽穗。在北方寒冷地带低修剪能形成一种夏季持续存

在的、具有吸引力的草坪。

② 马唐［*Digitaria sanguinalis*（L.）Scop］ 又名面条筋。夏季一年生禾草，喜温、喜光，株高20～30厘米；穗的顶部具指状突起。在庭院或其他草坪中散生的马唐产生不良的草坪外观，第一次重霜后死亡，在草坪中留下不雅观的棕色斑块。

③ 狗尾草［*Setaria viridis*（L）Beauv.］又名狗尾巴草、莠草。夏末一年生禾草，秆高30～100厘米；叶片粗糙；呈圆柱状，黄色；秋天结实。常存在于新播种的庭院草坪中。

④ 牛筋草［*Eleusine indica*（L.）Gaertn］又名蟋蟀草、油葫芦草。夏季一年生禾草，根系发达、深扎；茎丛生，扁平，茎叶均较为坚韧，叶中脉白色；穗状花序2～7枚，呈指状着生秆顶，小穗呈紧密地双行复瓦状排列于穗轴的一侧。在马唐萌发后几周开始萌发。在暖温带和较暖气候带下，在紧实和排水不良的土壤上生长良好。

⑤ 少花蒺藜草（*Cenchrus pauciflorus* Benth）夏季一年生禾草，子叶一对长矩形，叶面绿色，背面灰绿色；茎平铺地面生长。分布于稀疏草坪中，尤其在贫瘠、粗糙的土壤上分布广泛。

⑥ 稗草［*Echinochloa crusgalli*（L.）Beauv］一年生禾草，叶光滑无毛，无叶舌；圆锥花序直立而粗壮，第一外稃革质，有硬刺疣毛，顶端延伸成一粗糙的芒，芒长5～10毫米，第二外稃成熟呈革质，具小尖头。由于茎基部常平卧，因而即使经常修剪的草坪，也发生严重。

⑦ 日照飘拂草［*Fimbristulis miliacea*（L.）Vahl］又名水虱草。一年生丛生型莎草科杂草，株高10～60厘米，秆扁四棱形，秆基部有1～3无叶片的叶鞘；叶基生；聚伞花序顶生，花序下的苞片刚毛状；小坚果倒卵形、三棱形或双凸状。分布于热带、亚热带草坪中。

⑧ 碎米莎草（*Cyperus iria* L.）一年生莎草科杂草，株高

10～25 厘米，杆扁三棱形，丛生；叶状苞片 3～5；聚伞花序常复出；穗状花序卵形或圆形，有 5～22 小穗，小穗有不明显的短尖，叶线状披针形，叶片横剖面呈现“U”字形。多分布于温暖多雨潮湿的草坪中。

⑨ 看麦娘（*Alopecurus aequalis* Sobol）冬季一年生禾草，秆多数丛生，基部膝曲；叶鞘疏松包茎；穗状圆锥花序呈细棒状；叶片呈带状披针形，长 1.5 厘米，具直出平行脉 3 条。常生长于温暖多雨的草坪中。

⑩ 秋稷（*Panicum dichptomiflorun* Michx）夏季一年生禾草，短紫色叶鞘；圆锥花序舒展，发芽较迟。在秋季新建草坪上危害较重。

(2) 多年生杂草

① 隐子草（*Muhlenbergia shreberi* J. F. Gmel）匍匐型多年生禾草，秆高 20～30 厘米，分枝稀疏；叶片大而扁平；圆锥花序开展。生长于温暖、潮湿、遮阴的地方，在草坪中形成分散稠密的斑块。

② 毛花雀稗（*Paspalum dilatatum* Poir）多年生禾草，秆高约 50 厘米；叶片扁平，质地粗糙；圆锥花序偏于一侧。生长于南方潮湿的地方，在草坪中能形成茂密的簇丛，降低草坪的观赏性。

③ 匍匐冰草［*Agropyron repens*（L.）Beauv］多年生禾草，秆疏丛，高 30～60 厘米，基部膝曲或匍匐；叶片常内卷抱于茎秆，色暗绿；具强壮根茎；穗状花序。生长于北方较寒冷的地区。

④ 匍匐剪股颖（*Agrostis stolonifera* L.）多年生禾草，有较长的匍匐茎；叶片宽 3～8 毫米，微粗糙；圆锥花序。在草坪中形成分散成稠密的斑块，通过修剪培育能形成较好的草坪。

⑤ 白茅［*Imperata cylindrica*（L.）Beauv］多年生禾草，有匍匐根状茎横卧地下；叶片条形或条状披针形，主脉明显突出于背面；圆锥花序，成熟后小穗易随风传播。

⑥ 狗牙根［*Cynodon dactylon*（L.）Pers.］多年生禾草，有根茎及匍匐茎；叶鞘有脊，叶互生，下部叶因节间短缩似对生；穗状花序指状着生秆顶；小穗灰绿色或带紫色；叶片带状或线状披针形，叶缘有极韧的刺状齿，叶片具5条平行脉，叶鞘紫红色。常生长于光照较强且温暖的地方，通过修剪培育可形成较好的草坪。

⑦ 香附子（*Cyperus rotundus* L.）多年生莎草科杂草，具匍匐根状茎，顶端具褐色椭圆形块茎。秆锐三棱形。鞘棕色，常形成纤维状。叶状苞片2～3；聚伞花序简单或复出，穗状花序有小穗3～10；小穗线形；叶线状披针形，常从中脉处对折，横剖面三角形。全国各地草坪均有分布。

（3）阔叶杂草

① 车前草（*Plantago asiatica* L.）多年生车前科杂草，高20～40厘米，须根；茎生叶卵形或宽卵形，叶有柄；穗状花序，绿白色。种子繁殖，叶片形成莲座叶丛，指状花轴，直立生长。常见于植株稀疏、肥力低的草坪。

② 蒲公英（*Taraxacum mongolicum* Hand.-Mazz）多年生菊科杂草，叶莲座状展开，长圆状倒披针形，羽状分裂，基部渐窄成短柄缘，有齿；花梗直立、中空，上端有毛，顶生头状花序，花黄色；种子繁殖；主根长，具再生能力。花浅黄，种子成熟后变白，随风飘移。

③ 酸模（*Rumex acetosa* L.）多年生蓼科杂草，株高50厘米以上，茎直立不分枝；直根大而肥；叶卵状矩圆形，基部箭形；种子繁殖。喜在潮湿肥沃地方生长，易感染白粉病，并侵染草坪草。

④ 婆婆纳（*Veronica arvensis* L.）草本，一年生或多年生玄参科杂草；直立或匍匐；叶对生、轮生或互生，无托叶；唇形花冠，总状花序，花淡蓝色或白色。常在草坪上形成致密斑块。漂亮的蓝花，常用于园林中的装饰植物。一旦侵入草坪则很难用传统的

阔叶除草剂去除。

⑤ 匍匐大戟（*Euphorbia supine* Raf）一年生大戟科草本，茎纤细、匍匐，近基部分枝；小叶对生，矩圆形。生长缓慢，夏季出现，茎断后有乳汁状液体。

⑥ 反枝苋（*Amaranthus retroflexus* L.）一年生苋科杂草，叶互生。茎直立，幼茎近四棱形，老茎有明显的棱状突起；叶菱状卵形或椭圆状卵形，顶端尖或微凹，有小芒尖，两面及边缘有柔毛，脉上毛密；花小，白色，圆锥花序顶生或腋生。

⑦ 藜（*Chenopodium album* L.）又名灰条菜，一年生藜科杂草，高 30～120 厘米，茎直立，粗状，有沟纹和绿色条纹，带红紫色。单叶互生，肉质，无托叶；花小，绿色，圆锥花序；茎下部的叶片菱状三角形，有不规则锯齿或浅齿，基部楔形；上部叶片披针形，尖锐，全缘或稍有锯齿；叶片两面均有银灰色粉粒，以背面和幼叶更多。生长于田间、路边、荒地及住宅旁等处，常出现于新播草坪中。

⑧ 地锦（*Euphorbia humifusa* Willd.）夏季一年生大戟科杂草，茎纤细，匍匐伏卧多分枝，带紫红色，无毛。叶对生，叶顶面绿色或淡红色；叶卵形或长卵形，全缘或微具细齿，叶背紫色，具小托叶；杯状聚伞花序，单生于枝腋或叶腋，淡紫色。常出现于新播草坪中。

⑨ 黏毛卷耳（*Cerastum viscosum* L.）多年生石竹科杂草，簇生，微匍匐茎；叶对生，阔卵形，全缘，深绿色，柔毛和腺毛，触其有黏感；花倒卵形，白色。是潮湿和板结土壤的指示植物。

⑩ 天蓝苜蓿（*Medicago lupulins* L.）夏季一年生豆科杂草，与白三叶极相似，但花为黄花，叶阔，茎生，具短叶柄。晚春或夏季草坡缺水的干旱季节蔓延发展。

⑪ 宝盖草（*Lamium amplexicaule* L.）冬季一年生唇形科杂草，常具芳香气味；茎四棱形，常带紫色；叶对生，无托叶，圆

形或肾形，边缘有钝齿或浅裂，两面有细毛，茎下部有柄，上部叶无柄；轮伞花序，花冠粉红色或紫红色。种子繁殖。主要分布于潮湿肥沃的土壤，草坪中常呈块状分布。

⑫ 田旋花（*Convolvulus arvensis* L.） 又名箭叶旋花、中国旋花，多年生旋花科杂草，春夏发生；地下根茎白色，线状；地上茎缠绕，有棱角或条纹；基部叶均为戟形或箭形，叶柄长约为叶片长的1/3。花腋生，具长梗，粉红色。新坪及成坪中均有生长。

⑬ 繁缕［*Stellaria media*（L）Cyr.］ 冬季一年生石竹科杂草，植株呈黄绿色，茎蔓生呈叉状分枝，上部茎上有一纵行短柔毛；叶片小，浅绿色。由枝生根，向四周扩展面积大，与草坪草竞争力强，冷凉季节白色星状花出现，是潮湿、板结土壤的指示植物，常见于高尔夫球场果领上病虫引起的稀疏草坪区。

⑭ 酢浆草（*Oxalis corniculata* L.） 又名酸味草、野草头，一年生或多年生酥浆草科植物，春夏发生；茎匍匐或倾斜生多分枝，叶互生，紫绿色，小叶阔倒心脏形，无叶柄；茎叶被疏毛，有酸味；花黄五瓣。一般生长在潮湿、肥沃的土壤上。在温带气候区的新播草坪中易形成危害。

⑮ 马齿苋（*Portulaca oleracea* L.） 夏季一年生马齿苋科草本，肉质茎，光滑，带紫红色，匍匐状；叶楔状长圆形或倒卵形，互生或近对生；花3～5朵生于枝顶端，黄色。在温暖、潮湿肥沃土壤上生长良好。在新建草坪上竞争力很强。

⑯ 独行菜（*Lepidium apedalum Willd*） 冬季一年生十字花科草本，株高20～30厘米，茎直立，上部分枝；茎生叶具短柄，倒披针形或条形；花小，白色。喜干旱的荒地、路边生长，萌发早，易在草坪返青前形成星星点点小丛状。

⑰ 轮生粟米草（*Mollugo verticillata* L.） 夏季一年生番杏科草本，茎直立或铺散，高10～30厘米，光滑，浅绿；基生叶莲座状，叶片倒卵形或倒卵状匙形，茎生叶3～7片假轮生或2～3片

生于节的一侧，叶片倒披针形或线状倒披针形；叶柄短或无柄；花淡白色或绿白色，3～5朵簇生于节的一侧，有时近腋生。在草坪中形成窝状凹坑。

⑱ 萹蓄（*Polygonum aviculare* L.） 一年生蓼科草本，早春发芽生长；植株被白粉，茎丛生、匍匐或斜生；叶片线形至披针形，近无柄；托叶鞘膜质，下部褐色，上部白色透明；花簇生叶腋，花被略绿色，边缘白色或淡红色。在板结土壤上生长良好，主要分布在温带和亚热带气候区。

⑲ 猪殃殃［*Galium aparine* L. var. *tenerum*（Gren. et Godr.）Rchb.］ 冬季一年生茵草科草本，枝多蔓生或攀缘状，茎四棱形，棱和叶背中脉及叶绿具倒生的韧刺；叶轮生，叶片线状或倒披针形；花顶生或腋生，聚伞花序，黄绿色。能生长在各种条件土壤中。

⑳ 天胡荽（*Hudrocotyle sibthorpioides* Lam.） 多年生伞形科草本，有气味；茎细长而匍匐，平铺地上成片，节上生根；叶片膜质至革质，圆形或肾圆形，不分裂或5～7裂，裂片阔倒卵形，边缘有钝齿，表面光滑，背面脉上疏被粗伏毛，有时两面光滑或密被柔毛；伞形花序与叶对生，单生于节上；花瓣卵形，绿白色，有腺点。多出现在新播草坪中。

4.1.3 杂草的危害

据联合国粮农组织报道，全世界杂草总数约5万种，其中有18种危害极为严重的杂草被称为世界恶性杂草。中国杂草种类现有1万多种，其中较常见的农田杂草有1000余种。其中草坪杂草有450种左右。草坪杂草的危害主要表现以下四个方面。

(1) 影响草坪草生长 抱茎苦荬菜、芥菜、独行菜等杂草，早春出苗比草坪草快，草坪草返青后，杂草在高度上已经领先，草坪草对生长空间的占据处于劣势。马南、狗尾草、牛筋草等禾本科杂

草在雨季生长迅速，3～5天内其生长高度即可超过草坪草，分蘖的数量和分枝在雨季或水分较多条件下快速生长，迅速超过草坪草。阔叶和禾本科杂草的这种生长状况，对草坪草的生长构成了极大威胁。

草坪中的一年生和二年生杂草，繁殖生长速度快，成熟速度也快，北京地区6月初，一些早春杂草就开始落籽，9月中旬，一些禾本科杂草种子脱落。牛筋草、狗尾草等的根系分布在浅层土壤中，截留水分和养分。独行菜、小蓟等杂草的根在土层中扎得比草坪草深，植物地下生长的空间比草坪草广阔，群体生长上杂草占有很强的优势。紫花地丁、蒲公英等杂草的地下部分几乎平铺生长，它们排挤和遮蔽草坪，影响草坪草生长。稗草、牛筋草等杂草的分蘖能力和平铺生长习性都较草坪草强，因此，能侵占草坪面积。

萹蓄的根系能分泌一些物质，影响草坪草的生长，如果不加强管理，其生长之处草坪草急剧退化。马唐、狗尾草、紫花地丁、车前等杂草与草坪草竞争，若不加强管理，在2～3年内杂草会完全侵占草坪。运动场草坪的质量受杂草的影响极为严重，一些一年生禾本科杂草不耐践踏，例如马唐、狗尾草等，但它们对草坪草的竞争能力非常强，能够降低草坪的坪用质量。如萹蓄，能够排挤草坪草造成草坪的退化。

一些杂草（如菊科阔叶杂草和禾本科杂草）在同样的水分和湿度条件下其春季的发芽速度和生长速度均快于草坪草，所以春季建植的草坪，一旦杂草管理滞后，会使建植失败。

杂草生长比栽培植物快，其中部分原因是杂草中存在一定量的C4结构的杂草。25万种植物中，C4结构的杂草数量不足1000种；世界农田2000种杂草中，有140多种杂草具有C4结构；世界18种恶性杂草中，14种为C4结构。香附子、升马唐、光头稗、蟋蟀草、地肤、猪毛菜等均为此类植物。

（2）病虫的寄宿地　草坪杂草的地上部分是一些病虫的寄宿

地，会造成草坪草生长缓慢或死亡。

夏至草在花季，能散发出一种气味，吸引飞虫，包括蚊子，给管理草坪和在草坪休闲的人们带来不便。草坪病害对草坪是一大危害，病害一旦发生，成片的草坪将会死亡。而杂草给病虫带来了便利的生存条件，使病虫长期在草坪上潜伏。

（3）破坏环境美观　杂草破坏环境美观有两层意义：一是纯粹地降低环境美观程度，二是导致草坪的退化。

抱茎苦荬菜一旦侵入草坪，1～2年内就能遍布整块草坪。春季萌发较早的草中，苦荬菜类杂草的生长高度和空间占据力都比较强，草坪草返青后，它很快就进入开花时期，此时，草坪就成为了“野地”。

每年的春季，由于杂草的侵袭，草坪几乎成了野地。蒲公英、紫花地丁、车前等杂草在草坪中形成小区域，远处看像一个小凹，破坏草坪的均一性，2～3年内即能挤走草坪草，成为杂草群落，破坏草坪的整齐度，使草坪退化。

有的杂草侵染能力极强，它占领土地后，本身招引病虫，然后自灭，造成草坪土壤光秃，致使草坪出现裸地或秃斑，如夏至草、藜。

公园杂草、居住区杂草以及曼陀罗、藜、苋菜、禾本科杂草，其发生与水分关系密切，它们在雨季的生长速度快，一旦侵入草坪，遇上雨季，很快能覆盖地面上的草坪草。

（4）影响人畜安全　草坪是人类休闲的地方，一旦有杂草侵入，而且是有毒和有害的杂草，将威胁到人们的安全，对人们造成外伤和诱发疾病。

有毒杂草，其威胁人畜安全的部分是杂草的种子、汁液和气味，如打破碗碗花、白头翁、锦栗、酢浆草、曼陀罗、猪殃殃、大巢草、龙葵、毒麦（种子）等。有物理伤害作用的杂草，其威胁人畜安全的器官是杂草的利器，即杂草的芒、叶、茎、分枝，如白茅

和针茅的茎，黄茅、狗尾草的芒（能钻入皮下组织）。杂草致病，指的是杂草的花粉和针刺，如脉草导致呼吸器官过敏，最后哮喘发作。人体裸露部位一旦碰到荨麻草，疼痛会持续10小时以上。

4.1.4 杂草的防除

草坪杂草防除应以预防为主，施行综合防除。即针对各种杂草的发生情况，采取相应措施，创造有利于作物生长发育而不利于杂草休眠、繁殖、蔓延的条件。综合防除的具体措施有以下几点。

（1）严格杂草检疫制度 植物检疫，即对国际和国内各地区所调运的种子苗木等进行检查和处理，防止新的外来杂草远距离传播，是防止杂草传播蔓延的有效方法之一。许多检疫性杂草的传播是在频繁调种过程中传入的。因此，必须加强检疫制度，遵守有关检疫的规章制度，严防引种时传入杂草。

（2）清洁草坪周围环境 草坪周边环境中的杂草是草坪杂草的主要来源之一，这些地方的杂草种子通过风吹、灌溉、雨淋等方式进入草坪。所以应及时除去草坪周边（如路边、河边及住宅周围等）环境的杂草，减少草坪杂草来源。农家肥中往往含有大量杂草种子，因此农家肥要经过50～70天的堆肥处理，经腐熟杀死杂草及其种子后才能使用。

（3）适时播种，采用合理的建植方法 在春、夏季建植禾本科草坪时，因气候适宜，非常适于禾本科杂草种子萌发，很容易造成草荒。如改春、夏播为秋播，草坪草苗期的禾本科杂草发生量极少，其杂草主要为阔叶杂草，喷施阔叶除草剂即可控制杂草危害。

混配先锋草种，可抑制杂草生长。绝大多数杂草是喜光植物，而冷地型草坪植物绝大多数品种是耐阴植物，由于先锋草种的快速生长，抑制了杂草的萌发和生长，而对其他草坪品种的生长影响不大，因此可以在建坪时与其他草坪草品种混播。

有条件的情况下，可采用无土草毯铺设草坪，草坪草迅速覆盖地面，有效地抑制杂草的发生。

（4）加强草坪管理　耕作灭草，减轻草害；合理修剪、追肥、浇水，可起到控制杂草的作用。

（5）生物防除　利用杂草的天敌昆虫、病原菌等生物，控制和消灭杂草。本方法在实际应用中具有较大的局限性，是今后研究发展的方向。

（6）物理防除

① 人工拔除　人工拔除杂草目前在我国的草坪管理中仍普遍采用，它的最大缺点是费时费工，还会损伤新建植的幼小草坪植物。人工拔除一般在雨后土壤疏松时进行效果好。在草坪上对于明显、高大、散生的单株杂草可用人工“挑除”的方法加以去除。

② 定期修剪　利用草坪草和杂草生长点的高度差异，适时合理地进行修剪。由于每次修剪时，均可不同程度地剪掉杂草的生长点和杂草茎，从而抑制杂草生长。防除以种子繁殖的杂草效果最佳。

（7）化学防除　指应用除草剂除灭杂草。是草坪管理工作的重要组成部分，也是杂草综合防除的重要内容。

① 除草剂的类型　除草剂的种类很多，而且在不断创新，据统计，当代产生的除草剂有 1/10 的品种可以用于草坪。为了生产上使用方便，依据使用时期、植物的吸收方式、使用范围、使用方法进行了分类。

a. 根据杂草不同生长期施药，除草剂可分为芽前除草剂和芽后除草剂。芽前除草剂在杂草种子发芽出苗前施用。这类除草剂主要防除一年生杂草和阔叶杂草，通常用在已建植的成熟草坪上，一般不用在新播种的草坪上（环草隆除外）。芽前除草剂一般是在土壤表面形成一层毒层，来杀死要发芽的杂草种子和幼苗，而对毒层下面草坪草的地下根相对安全。芽前除草剂持效期为 6～12 周。芽后除草剂在杂草的生长期施用。这类除草剂主要用于防治多年生杂

草和阔叶杂草，也可防除一年生杂草。

b. 根据植物的吸收方式，可分为内吸型除草剂和触杀型除草剂。内吸型除草剂是通过植物的茎叶吸收后，再输导到植物的其他部位，使植物受害，达到灭杀的目的。这类除草剂用于防治多年生和一年生杂草，如2,4-D丁酯、草甘膦。触杀型除草剂只对所接触的部位有灭杀作用，主要用于防治一年生杂草和以种子繁殖的多年生杂草，而对多年生根茎繁殖的杂草效果较差，如百草枯。

c. 根据除草剂的使用范围，可分为选择性除草剂和灭生性除草剂。选择性除草剂对一些植物有选择性地杀伤，而对另一些则安全的。这类除草剂一般用于苗后施用，防除阔叶杂草或一年生杂草，如2,4-D丁酯。灭生性除草剂对所有的植物都有不同程度的杀伤性，一般用于草坪建植前土壤处理。灭生性除草剂能杀灭大多数杂草，包括一年生、多年生及阔叶杂草，如草甘膦、百草枯等。

d. 根据杂草的使用方法，可分为土壤处理剂和茎叶处理剂。土壤处理剂是指用于土表施用或混土处理的除草剂。这类除草剂是通过被杂草的根、芽鞘或下胚轴等部位吸收而产生药效，如氟乐灵、西玛津等。茎叶处理剂是在杂草出苗后用于茎叶喷雾处理的除草剂，如草甘膦、2,4-D丁酯、灭草畏、百草枯等。茎叶处理剂在草坪草耐药性最强、杂草耐药性最差时施用效果最佳，禾本科杂草一般在1.5～3叶期；阔叶杂草一般在4～5叶期。

② 草坪不同时期杂草化学防除措施　草坪杂草的防除，在播种前、播种后苗前、苗期以及成熟草坪所应用的除草剂及施用方法是不同的。为了草坪草的安全起见，所用的除草剂最好预先进行小面积的试验，以测定在当地环境条件下，所使用的除草剂及使用剂量对草坪草的安全性。

a. 播种或移栽前杂草的防除　一般可在播种前或移栽前，灌水诱发杂草萌发，杂草萌发后幼苗期根据杂草发生的种类选择使用灭生性或选择性除草剂，进行茎叶喷雾处理（表4-1）。

表 4-1　草坪播种或移除栽植前防除杂草的除草剂

（引自《草坪建植与养护》. 赵燕. 2007）

药剂名称	杀草范围	100 米^{2}计量/升
41%草甘膦水剂	一年生、多年生杂草	4～6
20%百草枯水剂	一年生杂草	5～6
72% 2,4-D丁酯	阔叶杂草	1～1.5
20%二甲四氯钠盐水剂	阔叶杂草	5～6
60%茅草枯钠盐	禾本科一年生、多年生深根杂草	1.5～2

b. 播种后苗前杂草的防除　在播种后，杂草和草坪草发芽前，用苗前土壤处理剂处理。根据草坪草、杂草的种类选用不同的除草剂，进行土壤喷雾封闭处理。施用药剂参考（表 4-2）。播种后苗前施用除草剂的风险性极大，极易出现药害，为保证草坪草的绝对安全，一定要对草坪草进行安全性试验。

表 4-2　草坪播种后苗前防除杂草除草剂

（引自《草坪建植与养护》，赵燕，2007）

药剂名称	杀草范围	耐药草坪草	计量
25%恶草灵乳油	一年生禾本科杂草	多年生黑麦草、早熟禾	0.9～1.5 升/公顷
坪绿 1 号可湿性粉剂	一年生禾本科杂草、阔叶杂草	早熟禾、高羊茅、黑麦草、结缕草	1.1 千克/公顷
50%环草隆可湿性粉剂	一年生禾本科杂草	早熟禾、羊茅、多年生黑麦草	5～10 千克/公顷
48%地散磷浓乳剂	一年生禾本科杂草、阔叶杂草	多年生黑麦草	4.5～13.5 升/公顷

c. 草坪草幼苗期或草坪移栽后杂草的防除　草坪草幼苗对除草剂很敏感，最好延迟施药，直到新草坪已修剪 2～3 次再施药。

如果杂草较严重，必须施药，可选用对幼苗安全的除草剂，在杂草2～3叶期进行茎叶处理（表4-3）。

表4-3 草坪幼苗期防除杂草除草剂

药剂名称	杀草范围	耐药草坪草	计量
72% 2,4-D丁酯乳油	阔叶杂草	禾本科草坪草	0.6～1.1升/公顷
20%溴苯腈水剂	阔叶杂草	禾本科草坪草	0.75～2.5升/公顷
绿坪2号可湿性粉剂	禾本科杂草、部分阔叶杂草、对牛筋草防效较差	早熟禾、高羊茅、黑麦草、丹麦草、结缕草、野牛草	0.6～0.75千克/公顷
绿坪3号可湿性粉剂	禾本科杂草、阔叶杂草	早熟禾、高羊茅、黑麦草、丹麦草、结缕草、野牛草、剪股颖	0.75～0.83千克/公顷

d. 成熟草坪上杂草的防除　一年生杂草主要为禾草，可根据除草剂的特性和草坪草种，选择适当的除草剂进行防除，主要使用芽前除草剂进行土壤处理。防除一年生杂草的芽前除草剂（表4-4）有48%地散磷乳剂、25%恶草灵乳油、50%环草隆可湿性粉剂等。一年生禾本科杂草的出土高峰期在6～7月份，这些芽前除草剂必须在杂草种子萌发前1～2周施用。最好以“药沙法”撒施，拌沙量为30克/米^2，施药后灌水。

表4-4 防除草坪中杂草的芽前除草剂

（引自《草坪学》，孙吉雄，2003）

药剂名称	杀草范围	耐药草坪草	计量/(千克/公顷)
草坪宁1号	马唐、狗尾草、看麦娘、婆婆纳、天胡荽、藜、繁缕等	结缕草、细叶结缕草、马尼拉、矮生狗牙根、狗牙根等	0.1
绿茵1号	马唐、狗尾草、看麦娘、婆婆纳、繁缕等大多数禾本科杂草和双子叶阔叶杂草	结缕草、马尼拉、矮生狗牙根、狗牙根等	—

续表

药剂名称	杀草范围	耐药草坪草	计量/(千克/公顷)
氟草胺	马唐、稗、金色狗尾草、牛筋草、芒稗、一年生早熟禾、萹蓄、一年生黑麦草、马齿苋、藜、砧草	草地早熟禾，多年生黑麦草、地毯草、高羊茅、细羊茅、结缕草、狗牙根、钝叶草、巴哈雀稗	0.91～1.36
地散磷	马唐、稗、金色狗尾草、一年生早熟禾、荠菜、藜、宝盖草	草地早熟禾、多年生黑麦草、地毯草、高羊茅、细羊茅、结缕草、狗牙根、钝叶草、粗茎早熟禾、匍匐剪股颖、小糠草	3.4～4.54
敌草索	马唐、一年生早熟禾、美洲地锦、草稗、金色狗尾草、大戟、牛筋草	所有草坪草除球穴区修剪较高的剪股颖	4.54～6.08
草乃敌	大多数禾本科杂草	极个别暖地型草坪草除外	4.54
灭草灵	一年生早熟禾、马唐、繁缕、稗、金色狗尾草、马齿苋	多年生黑麦草、休眠狗牙根	0.34～0.68
灭草隆	一年生早熟禾、鸡脚草、酢浆草	极个别暖地型草坪草除外	0.45
恶草灵	牛筋草、马唐、一年生早熟禾、稗、秋稷、碎米草、婆婆纳、酢浆草	多年生黑麦草、草地早熟禾、狗牙根、高羊茅、地毯草、钝叶草、结缕草	0.91～1.18
氟硝草	马唐、稗、一年生早熟禾、酢浆草、耕地车轴草、月见草、大戟、宝盖草、鼠曲草、狗尾草	多年生黑麦草、草地早熟禾、狗牙根、羊茅、地毯草、钝叶草、巴哈雀稗、结缕草	0.68
环草隆	马唐、稗、看麦娘	多年生黑麦草、草地早熟禾、高羊茅、海岸与高地剪股颖、鸭茅	2.72～5.44
西马津	一年生早熟禾、小盆花草、马唐、耕地车轴草、宝盖草、稗、金色狗尾草	狗牙根、钝叶草、结缕草、野牛草、地毯草	0.45～0.91

使用芽后除草剂在禾本科草坪中进行茎叶喷雾来防除禾本科杂草，从选择的角度来看难度较大，可供利用的除草剂种类相对

较少。

在生产上，防除多年生禾草（如芦苇、白茅等）较困难，尤其是在冷季型草坪上。防除该类杂草除参照苗前土壤处理法外，主要选择灭生性除草剂（如草甘膦），以涂抹或定向喷雾的方法施药防除。莎草科的香附子、苔草等可用25%灭草松水剂5～7升/公顷，防治效果很好，且对草坪草的毒性小。

防除阔叶杂草的芽后除草剂见表4-5。阔叶除草剂有的也能混用，可防除藜、马齿苋、繁缕、苍耳、蒲公英、蒲蓄、酸模、车前类、野胡萝卜等多种阔叶杂草，并且药效增强。

表4-5 用于选择性防除草坪中阔叶杂草的芽后除草剂

（引自《草坪学》，孙吉雄，2003）

除草剂种类	用量/(千克/公顷)	备 注
噻草平	0.454	在草坪中选择性防除铁荸荠，要完全防除该杂草，有时需要重复施用
溴苯腈辛酸酯	0.17～0.91	可用坪床中防除阔叶杂草，也可与2,4-D，二甲四氯丙酸和灭草畏等混合使用，来防除剪股颖以外建成的草坪的杂草
2,4-D	0.454	除繁缕、鼠曲草、英国雏菊、欧亚活血丹、萹蓄、胡枝子、锦葵、苜蓿、野斗篷草、丝状婆婆纳、大戟、堇菜、野草莓以外
二甲四氯丙酸	0.23～0.45	除酸模、蒜荠、山柳菊、野葱、宽叶车前、长叶车前、马齿苋、丝状婆婆纳、堇菜、野草莓以外
灭草畏	0.11～0.45	除宽叶车前、长叶车前、丝状婆婆纳、堇菜以外
2,4-D+二甲四氯丙酸+灭草畏	0.45～0.68	—
2,4-D+定草酸	0.34～0.45	—
绿茵五号	1.4～1.8	用于马尼拉、结缕草草坪防除牛繁缕，碎米苋、荠菜等常见阔叶杂草

4.2 园林绿化草坪虫害的防治

自20世纪60年代提出综合防治以来，在理论和实践两方面均发展很快，并已经为国内外广大科技工作者所接受，并加强研究和应用。目前的害虫防治工作均不同程度地向着综合防治这个方面发展。综合防治的对象最初仅指害虫，其后发展到病虫害，现代综合防治对象的范围扩大到一切危害植物的生物，称为有害生物综合防治（integrated pest control，IPC），也有称为有害生物综合治理（integrated pest management，IPM），或有害生物综合管理。我国自20世纪70年代迄今，仍习称综合防治。我国1975年制订的“预防为主，综合防治”的植保工作方针，对综合防治的阐述内容，其实质与国外的综合治理是一致的。

草坪害虫也是草坪生产管理中经常碰到的一个重要问题，在局部地区、某些季节仍是影响草坪生产的重要障碍之一，而且随着城镇绿化率的提高、城市生态系统的变化，害虫的生存环境正逐步改善，虫害的为害面积、频率也在逐步提高。

昆虫的种类很多，全世界约有100万种以上，不仅种类多，而且分布广泛，从地下到地上，从陆生到水生，昆虫几乎无处不在。在这些种类中，有些会对农作物、森林、园艺植物以及人们生活造成危害，这些昆虫称为害虫。有些会对人类生产活动有益（如蚕、蜜蜂等），有些以害虫或有害生物为食，能帮助人类消灭害虫，我们把它们称为益虫。

防治害虫的根本目的是调控害虫的种群数量，将其种群数量控制在经济允许的受害水平以下。基本原理概括起来便是“以综合治理为核心，实现对草坪虫害的可持续控制”。

草坪虫害防治的基本方法归纳起来有植物检疫、栽培防治、物理防治、生物防治、化学防治。

（1）植物检疫　是国家通过颁布有关条例和法令，对植物及其

产品，特别是种子等繁殖材料进行管理和控制，防止危险性病虫杂草的传播蔓延。主要任务有禁止危险性病虫杂草随着植物及其产品由国外输入和由国内输出；将国内局部地区已经发生的危险性病虫杂草封锁在一定的范围内，不让其传播到尚未发生的地区；当危险性病虫杂草传入新区时，采取紧急措施，就地肃清。因而植物检疫是病虫草危害防治的第一道防线，是预防性措施。目前，我国绝大部分冷季型草种是从国外调入，传入外来病虫的风险很大，因而必须加强草种检疫，草坪草的检疫性害虫有白缘象、日本金龟子等。

（2）栽培防治　可以通过选用抗虫草种和品种、深翻土壤、合理施肥、适时灌水、清洁田园等栽培手段来完成。

使用抗虫性强的草坪草种、品种，是防治害虫最经济、最有效的措施。尤其对茎、叶害虫抗性较强的品种，应优先选择。选用抗虫品种，从长远观点来看，其优点是使害虫的危害大大降低，减少杀虫剂的使用。随着我国转基因技术的不断发展，大批的抗虫草坪草种将会不断问世。

深耕土壤是在整地时，应深耕深翻土壤，翻耕耙压，这样由于机械损伤和鸟兽啄食，可以大大压低虫口基数。

合理施肥是在施肥时，应施入腐熟的有机肥，因为在有机肥腐熟过程中，由于产生高温，能将虫卵及幼虫杀死，而且腐熟的有机肥可改善土壤结构，促进根系发育、壮苗，增强抗虫能力。适当施入一些碳酸氢铵、腐殖酸铵等化肥作底肥，对抑制蛴螬有一定作用。

适时灌水是在秋冬和初春季节，适时大水漫灌，对地下害虫和在土中蛹化的蛾类害虫有一定的杀灭作用，可提高其死亡率，也可以使各种地下害虫露出地面，以便于集中喷杀，压低虫口基数。

清洁田园是清除草坪内和草坪周围的垃圾，减少害虫的栖息场

所，尤其在秋冬季节，应清除枯枝落叶、枯草等，集中堆沤，以消除上面的虫卵。

（3）物理防治　是利用害虫对光和化学物质的趋向性及稳定性来防治害虫。如用黑灯光诱杀某些夜蛾和金龟子；用糖醋液诱杀地老虎和黏虫的成虫；用高温或低温杀灭种子携带的害虫等。在一定条件下，人工捕杀害虫也是一种有效的措施，如捡拾金龟子、蛴螬、地老虎、金针虫和蝼蛄等。

（4）生物防治　主要包括以虫治虫、以菌治虫及其他有益动物的利用，还包括造成害虫不育、利用自然的或人工合成的昆虫激素防治害虫等。如捕食蚜虫的天敌有瓢虫、食蚜蝇、蚜茧蜂等，在生产中应加以保护和利用。用微生物农药防治黏虫、草地螟、金龟子效果均较好。每公顷草坪用100亿活孢子/克的杀螟杆菌1500～2300克，兑水60～75升喷雾防治黏虫、草地螟，死亡率在80%以上，死亡后的虫体可以重复利用，收集死虫加以浸泡、揉搓后将渣滤出，滤液喷雾。用金龟子芽孢杆菌30万亿芽孢/公顷，拌适量的土翻撒于土中防治蛴螬，防治率可达70%。

（5）化学防治　是防治草坪害虫最常用和最普通的措施，该法具有高效、快速、经济和使用方便等优点。但其突出的特点是容易杀伤天敌、污染环境，使害虫产生耐药性和引起人、畜中毒等。因此，要尽量限制和减少化学农药的用量及使用范围，做到科学、合理的使用。

防治草坪害虫的农药通常以拌种、毒饵、喷洒等方式施用。药剂拌种、土壤处理法、毒饵诱杀法主要防治根部害虫（地下害虫）；喷雾法主要防治地上害虫。

4.2.1　食叶害虫

食叶害虫是指用咀嚼式口器危害草坪茎叶等地上部分器官的一类害虫，主要包括草地螟、黏虫、斜纹夜蛾、蝗虫、软体动物等，

咬食草坪草茎叶，造成残缺，严重时形成大面积“光秃”。

(1) 草地螟

① 分布及危害 别名黄绿条螟、甜菜网螟、网锥额蚜螟，属鳞翅目螟蛾科。分布在吉林、内蒙古、黑龙江、宁夏、甘肃、青海、河北、山西、陕西、江苏等省。食性广，可为害多种草坪草，初孵幼虫取食幼叶的叶肉，残留表皮，并经常在植株上结网躲藏，3 龄后食量大增，可将叶片吃成缺刻或仅留叶脉，使叶片呈网状。草地螟是一种间歇性暴发成灾的害虫，对草坪的危害极大。

② 形态特征 成虫体较细长（8～12 毫米），翅展 24～26 毫米，全体灰褐色；前翅灰褐色至暗褐色斑，中央稍近前缘有 1 个近似长方形的淡黄色或淡褐色斑，翅外缘黄白色并有 1 串淡黄色小点组成的条纹；后翅灰色或黄褐色，近翅基部较淡，沿外缘有两条黑色平行的波纹。卵椭圆形，乳白色，有光泽，分散或 2～12 粒覆瓦状排列成卵块。老熟幼虫体长 19～25 毫米，头黑色有白斑，胸、腹部黄绿色或暗绿色，有明显的纵行暗色条纹；周身有毛瘤，刚毛基部黑色，外围有 2 个同心黄色环。

③ 发生规律 一年发生 2～4 代。成虫昼伏夜出，趋光性很强，有群集远距离迁飞的习性。卵散产于叶背主脉两侧，常 3～4 粒在一起，以距地面 2～8 厘米的茎叶上最多。幼虫发生期在 6～9 月份，幼虫活泼，性暴烈，稍被触动即可跳跃，幼虫共 5 龄，高龄幼虫有群集迁移习性。幼虫最适发育温度为 25～30℃，高温多雨年份有利于发生。以老熟幼虫在土内吐丝作茧越冬。翌春 5 月化蛹及羽化。

④ 防治措施 及时清除杂草，减少虫源。

a. 人工防治 利用成虫白天不远飞的习性，用拉网法捕捉。用纱网做成网口宽 3 米、高 1 米、深 4～5 米的虫网，网底和网口用白布制成，网的左右两边穿上竹竿，将网贴地迎风拉网，成虫即可被捕入网内。一般在羽化后5～7天第1次拉网，以后每隔5天拉网1次。

b. 药剂防治　幼虫危害期，用90%敌百虫1000倍液、50%辛硫磷乳油1000倍液喷雾，也可用2.5%敌百虫粉剂喷粉，用量22.5～30千克/公顷；或用每克菌粉含100亿活孢子的杀螟杆菌菌粉或青虫菌菌粉2000～3000倍液喷雾。

(2) 黏虫

① 分布及危害　黏虫又称剃枝虫、行军虫，俗称五彩虫、麦蚕，属鳞翅目夜蛾科。是一种以为害粮食作物和牧草为主的多食性、迁移性、暴发性大害虫。我国除西北局部地区外，其他各地均有分布。大发生时可把作物叶片食光，而在暴发年份，幼虫成群结队迁移时，几乎所有绿色作物被掠食一空，造成大面积减产或绝收。

② 形态特征　成虫体长15～17毫米，体灰褐色至暗褐色；触角丝状；前翅灰褐色或黄褐色，环形斑与肾形斑均为黄色，在肾形斑下方有1个小白点，其两侧各有1个小黑点；后翅基部淡褐色并向端部逐渐加深。老熟幼虫体长35毫米左右，体色变化很大，密度小时，4龄以上幼虫多呈淡黄褐色至黄绿色不等，密度大时，多为灰黑色至黑色。头黄褐色至红褐色。有暗色网纹，沿蜕裂线有黑褐色纵纹，似“八”字形，有5条明显背线。

③ 发生规律　一年发生多代，从东北的2～3代至华南的7～8代，并有随季风进行长距离南北迁飞的习性。成虫有较强的趋化性和趋光性。幼虫共6龄，1～2龄幼虫白天潜藏在植物心叶及叶鞘中，高龄幼虫白天潜伏于表土层或植物茎处，夜间出来取食植物叶片等。有假死性，虫口密度大时可群集迁移危害。黏虫喜欢较凉爽、潮湿、郁蔽的环境，高温干旱对其不利。

黏虫1～2龄幼虫只吃植物叶肉，留下表皮呈现半透明的小斑点，3～4龄时把叶片咬成缺刻，5～6龄的暴食期可把叶片吃光，

虫口密度大时可把整块草地吃光。

④ 防治方法

a. 清除杂草　清除草坪周围杂草，防止大量杂草为黏虫的产卵活动提供适宜的环境。

b. 诱杀成虫　利用成虫具有趋光性和趋化性的习性，从黏虫成虫羽化初期开始，用黑光灯诱杀，或配制糖醋液（白糖 6 份、米醋 3 份、白酒 1 份、水 2 份加少量敌百虫），在黄昏时放置在草坪上，天明后收回，可诱杀大量成虫。

c. 利用天敌防治　黏虫的天敌有蛙类、鸟类、蝙蝠、蜘蛛、线虫、螨类、捕食性昆虫、寄生性昆虫、寄生菌和病毒等多种。其中步甲可捕食大量黏虫幼虫，黏虫寄蝇对一代黏虫寄生率较高。黏虫黑卵蜂对卵寄生率较高，麻雀、蝙蝠可捕食大量黏虫成虫，瓢虫、食蚜虻和草蛉等可捕食低龄幼虫，各地可根据当地情况注意保护利用。

d. 药剂防治　药剂防治对 1～2 龄幼虫（此时幼虫群集）杀灭效果最佳。用2.5％敌百虫粉剂、3.5％甲敌粉、5％杀螟松粉，喷粉用量 22.5～30 千克/公顷。用 90％敌百虫晶体 1000～1500 倍液、50％辛硫磷乳油 1000 倍液、50％杀螟松乳油 1000 倍液、50％西维因可湿性粉剂 200～300 倍液、2.5％溴氢菊酯 2000～3000 倍液，喷雾用量 750～1500 千克/公顷，防治效果较好。使用含菌量在 60 亿～100 亿个/克的 77-21 苏云金杆菌粉 30～50 倍稀释液、20％灭幼脲三号 4000～6000 倍液，灭杀幼虫效率在 90％以上。

（3）斜纹夜蛾

① 分布及危害　斜纹夜蛾又名莲纹夜蛾、斜纹夜盗，属鳞翅目夜蛾科。在国内各地都有发生，主要为害区在长江流域及黄河流域，东北地区为害较轻。它是一种杂食性害虫，主要以幼虫为害全株，初孵幼虫群集在叶背啃食，只留上表皮和叶脉，被害叶好像纱窗一样。3 龄后分散为害叶片、嫩茎，老龄幼虫可蛀食果实。其食

性既杂又危害各器官，老龄时形成暴食，是一种危害性很大的害虫。

② 形态特征　成虫体长14～20毫米，翅展35～46毫米，体暗褐色，胸部背面有白色毛丛，前翅灰褐色，前翅基部有白线数条，内外横线间从前缘伸向后缘有3条灰色斜纹，雄蛾这3条斜纹不明显，为1条阔带，后翅白色半透明。卵扁平的半球状，直径约0.5毫米，表面有纵横脊纹，初产黄白色，后变为暗灰色，块状黏合在一起，上覆黄白色绒毛。幼虫体长33～50毫米，头部黑褐色，胸部多变，从土黄色到黑绿色都有，背线及亚背线橘黄色，中胸至第9腹节在亚背线上各有半月形或三角形2个黑斑。蛹长15～20毫米，圆筒形，红褐色，腹部末端有一对短刺。

③ 发生规律　每年发生4～8代，南北不一。大部分地区以蛹、少数地区以幼虫在土中越冬，也有在杂草间越冬的。成虫白天潜伏在叶背或土缝等阴暗处，夜间出来活动，有强烈的趋光性和趋化性。每只雌蛾能产卵3～5块，每块有卵100～200粒，卵多产在叶背的叶脉分叉处，经5～6天就能孵出幼虫，初孵时聚集叶背。2龄末期吐丝下垂，随风转移扩散。4龄以后和成虫一样，白天躲在叶下土表处或土缝里，傍晚后爬到植株上取食叶片。5～6龄为暴食阶段。6～7月阴湿多雨，常会暴发成灾，长江流域一带6月中下旬和7月中旬草坪受害最重。幼虫有群集迁移的习性。

④ 防治措施

a. 清洁草坪　加强田间管理，同时结合日常管理采摘卵块以消灭幼虫。

b. 诱杀成虫　利用成虫的趋光性和趋化性，用黑光灯、糖醋液、杨树枝以及甘薯、豆饼发酵液诱杀成虫，糖醋液中可加少许敌百虫或敌敌畏（方法见上述黏虫的相关内容）。

c. 药剂防治　喷药宜在暴食期以前并在午后或傍晚幼虫出来活动后进行。可供选择的药剂及施用方法同黏虫的防治。

（4）蝗虫

① 分布及危害 蝗虫属直翅目蝗总科。为害草坪的蝗虫种类较多，主要有土蝗、稻蝗、菱蝗、中华蚱蜢、短额负蝗、东亚飞蝗等。蝗虫食性很广，可取食多种植物，但较嗜好禾本科和莎草科植物，喜食草坪禾草，成虫和若虫（蝗蝻）蚕食叶片和嫩茎，大发生时可将寄主吃成光秆或全部吃光。

东亚飞蝗分布在中国北起河北、山西、陕西，南至福建、广东、海南、广西、云南，东达沿海各省，西至四川、甘肃南部。为害小麦、玉米、高粱、粟、水稻等多种禾本科植物及花卉植物，也可为害棉花、大豆、蔬菜等。成虫、若虫咬食植物的叶片和茎，大发生时成群迁飞，把成片的植株吃成光秆。中国史籍中的蝗灾主要是东亚飞蝗，先后发生过800多次。

短额负蝗又名小尖头蚂蚱，各省均有分布。可为害大部分草坪草。成虫、若虫咬食植物的叶片和茎，大发生时成群迁飞（表4-6）。

表4-6 东亚飞蝗和短额负蝗的形态特征

虫态	东亚飞蝗	短额负蝗
成虫	雄成虫体长33～48毫米，有群居型、散居型和中间型三种类型，体灰黄褐色（群居型）或头、胸、后足带绿色（散居型）。头顶圆。颜面平直，触角丝状，前胸背板中线发达，沿中线两侧有黑色带纹。前翅淡褐色，有暗色斑点，翅长超过后足股节2倍以上（群居型）或不到2倍（散居型）	体长21～32毫米，体色多变，从淡绿色到褐色和浅黄色都有，并杂有黑色小斑。头部锥形，前翅绿色，后翅基部红色，末端部绿色长圆筒形，端部钝圆，长4.5～5.0毫米
卵	卵粒长筒形，长4.5～6.5毫米，黄色	圆柱形而略弯曲
若虫	第5龄蝗虫体长26～40毫米，触角22～23节，翅节长达第4、第5腹节，群居型体长红褐色，散居型体色较浅，绿色植物多的地方为绿色	若虫体淡绿色，带有白色斑点。触角末节膨大，色较其他节要深。复眼黄色。前足、中足有紫红色斑点

② 发生规律　蝗虫一般每年发生1～2代，绝大多数以卵块在土中越冬。一般冬暖或雪多情况下，地温较高，有利于蝗卵越冬。4～5月份温度偏高，卵发育速度快，孵化早。秋季气温高，有利于成虫繁殖危害。多雨年份、土壤湿度过大，蝗卵和幼蝗死亡率高。干旱年份，在管理粗放的草坪上，有利于蝗虫的发生。蝗虫天敌较多，主要有鸟类、蛙类、螨类和病原微生物。

③ 防治措施

a. 人工捕捉　可结合栽培管理进行人工捕捉。少量发生时，可用捕虫网捕捉，以减轻危害并减少虫源基数。

b. 毒饵防治　用麦麸100份、水100份、1.5%敌百虫粉剂2份（或40%氧化乐果乳油0.15份）混合拌匀，施用量22.5千克/公顷；也可用鲜草100份切碎加水30份拌入上述药量，施用量112.5千克/公顷。随配随撒，不能放置过夜。阴雨、大风、温度过高或过低时不宜使用。

c. 药剂防治　发生量较多时可采用药剂喷洒防治，常用的药剂有2.5%敌百虫粉剂、3.5%甲敌粉剂、4%敌马粉剂，喷粉量30千克/公顷；也可用50%马拉硫磷乳剂、75%杀虫双乳剂、40%氧化乐果乳剂1000～1500倍液喷雾。

(5) 软体动物

① 形态及习性　危害草坪的软体动物主要有蜗牛和蛞蝓。蜗牛具有螺旋形贝壳，成虫的外螺壳呈扁球形，有多个螺层组成，壳质较硬，黄褐色或红褐色。头部发达，具2对触角，眼在后1对触角的顶端，口位于头部腹面。卵球形。幼虫与成虫相似，体形较小。蛞蝓不具贝壳，体长形柔软，暗灰色，有的为灰红色或黄白色。头部具2对触角，眼在后1对触角顶端，口在前方，口腔内有1对胶质的齿舌。卵椭圆形。幼体淡褐色，体形与成体相似。蜗牛和蛞蝓在北方地区均1年发生1代，喜阴暗潮湿的环境。取食植物叶片、嫩茎和芽，初孵时啃食叶肉或咬成小孔，稍大后造成缺刻或

大的孔洞，严重时可将叶片吃光或咬断茎秆，造成缺苗；其爬行过的地方会留下黏液痕迹，污染草坪。此外，它们排出的粪便也可污染草坪。

② 防治措施

a. 人工捕捉　发生量较小时，可人工捡拾，集中杀灭。

b. 使用氨水　用稀释成70～100倍的氨水，于夜间喷洒。

c. 撒石灰粉　用量为75～112.5千克/公顷。

d. 施药　撒施8%灭蜗灵颗粒剂或用蜗牛敌（10%多聚乙醛）颗粒剂，15千克/公顷；用蜗牛敌＋豆饼＋饴糖（1∶10∶3）制成的毒饵撒于草坪，杀蛞蝓。

4.2.2　吸汁害虫

吸汁害虫是指用刺吸式口器（也有少数其他的类型）危害草坪草茎叶的一类害虫，主要包括盲蝽、叶蝉、蚜虫、飞虱、螨类等，吸取茎叶的汁液，使得叶片表面出现大量失绿斑点，严重时草坪枯黄，有时会发生煤污病。

（1）盲蝽

① 形态及习性　盲蝽属半翅目盲蝽科。多为小型种类。危害草坪草的主要种类有赤须绿盲蝽、三点盲蝽、绿草盲蝽和小黑盲蝽等。这几种盲蝽的体长3～7毫米，绿色、褐色及褐黑色不等。主要形态特征为：体扁、大多长椭圆形；头小，刺吸式口器，前翅基部革质、端部膜质。若虫体较柔软、色浅，翅小。这几种盲蝽主要发生在北方，1年发生3～5代，在草坪的茎叶上或组织内产卵越冬，喜潮湿环境。成虫与若虫均以刺吸式口器危害，被害的茎叶上出现褪绿斑点，严重受害的植株，叶片呈灰白色或枯黄色。

② 防治措施

a. 冬春季节清除草坪及其附近的杂草，可减少越冬虫源。

b. 药剂防治　选择若虫初孵盛期或若虫期防治，可用1.5%乐果粉、2.5%敌百虫粉或3.5%甲敌粉剂喷粉，用量30千克/公顷。也可用40%乐果乳油、50%马拉硫磷乳油、50%辛硫磷乳油1000～1500倍液喷雾防治。

（2）叶蝉

① 形态及习性　叶蝉属同翅目叶蝉科。危害草坪草的种类主要有大青叶蝉、条沙叶蝉、二点叶蝉、小绿叶蝉和黑尾叶蝉等。基本特征是：体小型，似小蝉；头大，刺吸式口器，触角刚毛状；前翅质地相同，后翅膜质、透明；后足胫节下方有2列刺状毛。性活泼，能跳跃与飞行，喜横走。若虫形态与成虫相似，但体较柔软、色淡，无翅或只有翅芽，不太活泼。叶蝉类昆虫1年发生多代，主要以卵和成虫越冬。成虫、若虫常聚集在植物叶背、叶鞘或茎秆上吸食汁液，使寄主生长不良，受害部位出现褪绿斑点，有时出现卷叶、畸形，甚至死亡。在叶背的主脉和叶鞘组织中产卵，卵成排地隐藏在表皮下面，外面有产卵器划破的伤痕。

② 防治措施

a. 冬季、早春清除草坪及周围杂草，减少虫源。

b. 成虫发生期，利用黑光灯或普通灯光诱杀。

c. 药剂防治　应掌握在若虫盛发期喷药。常用药剂有40%乐果乳剂1000倍液、20%叶蝉散乳油或50%稻丰散乳油或50%马拉硫磷乳油1000倍液、2.5%敌杀死乳油或20%杀灭菊酯乳油3000倍液。

（3）蚜虫

① 形态及习性　蚜虫又称“蜜虫子”、“腻虫”。属同翅目蚜科。危害草坪草的主要种类有麦长管蚜、麦二叉蚜、禾谷缢管蚜等。其主要特征是：体微小而柔软，麦长管蚜有翅孤雌蚜体长2.4～2.8毫米，无翅孤雌蚜体长2.3～2.9毫米。以上3种蚜虫在我国各地均有分布，1年可发生十余代至20代以上。在生活过程中，可出现卵、若蚜、无翅成蚜和有翅成蚜等。在生长季节，以孤

雌胎生进行繁殖。每年的春季与秋季可出现蚜量高峰。以成蚜与若蚜群集于植物叶片上刺吸危害，严重时导致生长停滞，植株发黄、枯萎，同时还可传播病毒病。蚜虫排出的蜜露，会引发煤污病，污染植株，并招来蚂蚁，造成进一步的危害。

② 防治措施

a. 农业措施　冬灌对蚜虫越冬不利，能大量杀死蚜虫；有翅蚜大量出现时及时喷灌可抑制蚜虫发生、繁殖及迁飞扩散；镇压草坪可将无翅蚜碾压而死，减轻危害。

b. 药剂防治　用1.5%乐果粉、2.5%敌百虫粉、2%杀螟松粉、1.5%甲基异柳磷粉或5%西维因粉喷粉，用量22.5～30千克/公顷。或用40%乐果乳油或氧化乐果乳油1500～2000倍液、10%吡虫啉可湿性粉剂1500倍液、50%辛硫磷乳油1500～2000倍液、50%马拉硫磷乳油1000～1500倍液、50%辟蚜雾可湿性粉剂7000倍液、50%杀螟硫磷1000倍液喷雾防治。

c. 生物防治　利用瓢虫、草蛉、食蚜蝇、蚜茧蜂、蚜小峰等天敌控制蚜虫。

(4) 飞虱

① 形态及习性　飞虱属同翅目飞虱科。危害草坪草的种类主要有白背飞虱、灰飞虱、褐飞虱等。飞虱常与叶蝉混合发生，体形似小蝉。与叶蝉的主要区别是：触角短，锥形后足胫节末端有一显著的能活动的扁平大距，善跳跃。

白背飞虱在我国各地普遍发生，灰飞虱主要发生在北方地区和四川盆地，褐飞虱以淮河流域以南地区发生较多。飞虱1年发生多代，从北向南代数逐渐增多，以卵、若虫或成虫越冬。成虫、若虫均聚集于寄主下部刺吸汁液，产卵于茎及叶鞘组织中，寄主被害部位出现不规则的褐色条斑，叶片自下而上逐渐变黄，植株萎缩，成丛成片的植株被害，严重时可使植株下部变黑枯死。

② 防治措施

a. 选择对飞虱具有抗性或耐害性的草坪草品种。

b. 保护和利用天敌　飞虱的天敌种类很多，对飞虱有很大的控制作用。卵寄生蜂有褐腰赤眼蜂、稻虱缨小蜂，田间卵寄生率一般为5%～15%；成虫的天敌有螯蜂类等；捕食性天敌有多种捕食蜘蛛、黑肩绿盲蝽等。

c. 药剂防治　应掌握在成虫迁飞扩散高峰期和若虫孵化高峰期用药。常用药剂有：2%混灭威、2%叶蝉散或3%速灭威粉剂，喷粉用量为30～37.5千克/公顷；5%混灭威或20%速灭威乳油，用量1.2千克/公顷。加水1000千克喷雾或1.5千克/公顷。加6000千克水泼浇；50%稻瘟净乳油加50%马拉硫磷乳油各1.5千克/公顷加水1500千克喷雾，50%甲胺磷乳油0.75千克/公顷。加水1500千克喷雾。

（5）螨类

① 形态及习性　危害草坪草的螨虫是蛛形纲蜱螨目的一些植食性种类，主要有麦岩螨、麦圆叶爪螨等。其体长小于1毫米，卵圆形或近圆形，暗红褐色（故称红蜘蛛），无翅，幼螨3对足，若螨与成螨均有4对足。以刺吸式口器吸取植物汁液。螨类在自然界分布很广，对草坪的危害也越来越大。10月中下旬雌成虫群集在枯叶内、杂草根际、土块缝隙或树皮内越冬。2、3月份在草上取食产卵繁殖，靠风、雨、水及随寄主转移传播危害。幼螨、成螨均喜在叶背面活动，吐丝结网，7、8月份危害最盛。如遇高温低湿，繁殖率加大。受害叶片下面出现红斑，迅速枯焦、脱落，严重者可造成草坪斑秃，甚至大片死亡。

② 防治措施

a. 农业措施　麦岩螨喜干旱，可利用灌溉灭虫；在麦圆叶爪螨的潜伏期进行灌水或在危害期将虫震落进行灌水，能使它陷入淤泥而死。虫口密度大时，耙耱草坪，可大量杀伤虫体。

b. 药剂防治　若螨害大发生时需喷药防治。可选用的药剂品种有5%尼索朗可湿性粉剂或20%三氯杀螨醇乳油800～1000倍液、20%双甲脒乳油1000倍液、50%久效磷2000倍液等，可根据情况防治2～3次。

4.2.3　钻蛀害虫

钻蛀害虫是一类以幼虫危害草坪草茎秆或叶片的一类害虫，主要包括秆蝇及潜叶蝇两类，在茎秆或叶片内钻蛀危害，造成大量“枯心苗”或“烂穗”，严重时草坪枯黄。

(1) 秆蝇

① 形态及习性　秆蝇属双翅目秆蝇科。危害草坪的主要有麦秆蝇和瑞典麦秆蝇。麦秆蝇成虫体长3～4.5毫米，体黄绿色，复眼黑色，有青绿色光泽；胸部背面有3条纵线，中央1条直达末端，两侧的纵线各在后端分叉，越冬代成虫胸部背面纵线为深褐色至黑色，其他各代的为土黄色至黄褐色；翅透明，翅脉黄色；腹部背面也有纵线。老熟幼虫体长6～6.5毫米，蛆形、细长、淡黄绿色至黄绿色；口沟黑色。瑞典麦秆蝇成虫体长1.3～2毫米，全体黑色，有光泽，体粗壮。触角黑色，前胸背板黑色，翅透明，具闪光；腹部下面淡黄色。老熟幼虫体长约45毫米，蛆状，黄白色，圆柱形，体末节圆形，端部有2个突起的气门。

麦秆蝇在我国分布广，1年发生2～4代。瑞典麦秆蝇主要分布在华北北部和西北东部，1年发生2代或3代。2种麦秆蝇均以幼虫寄生茎秆中越冬，5～6月份是成虫盛发期。成虫白天活动，在晴朗无风的上午和下午最活跃。成虫产卵于叶鞘和叶舌处，初孵幼虫从叶鞘与茎秆间侵入，取食心叶基部和生长点，使心叶外露部分枯黄，形成枯心苗。严重发生时草坪草可成片枯死。

② 防治措施

a. 农业措施　选种抗虫草种或品种；在越冬幼虫化蛹羽化前，及时清除越冬幼虫的杂草寄主（看麦娘、猫尾草、棒头草等）以压低当年的虫口基数；另外，因地制宜进行深翻土地，消灭杂草，精耕细作，增施肥料，适期灌水，合理密植等，创造利于草坪草生长发育、不利于秆蝇繁殖危害的条件，从而达到减轻危害的效果。

b. 药剂防治　关键时期为越冬代成虫盛发期至第1代初孵幼虫蛀入茎之前这段时间。可供选择的药剂有：50%甲基对硫磷乳油3000倍液、50倍杀螟威乳油3000倍液、50%马拉硫磷乳油2000倍液、40%氧化乐果与50%敌敌畏乳油（按1∶1混合）1000倍液喷雾；也可用1.5%对硫磷粉剂、4.5%甲敌粉剂喷粉防治，用量为22.5千克/公顷。

（2）潜叶蝇

① 形态及习性　危害草坪的潜叶蝇类害虫，中国常见的有潜叶蝇科的豌豆潜叶蝇、紫云英潜叶蝇、水蝇科的稻小潜叶蝇、花蝇科的甜菜潜叶蝇等，均属双翅目。豌豆潜叶蝇除西藏、新疆、青海尚无报道外，其他各地均有发生。其成虫为小型蝇类，体长1～3毫米，灰黑色；幼虫蛆状，长3毫米左右，乳白色至黄白色。以幼虫潜入寄主叶片表皮下，曲折穿行，取食绿色组织，被害处仅剩上、下表皮，内有该虫排下的细小黑色虫粪，造成不规则的灰白色线状隧道。危害严重时，叶片组织几乎全部受害，叶片上布满蛀道，尤以植株基部叶片受害为最重，甚至枯萎死亡。

稻小潜叶蝇是对低温适应性强的温带性害虫，在我国以北方发生较多，在东北各省1年发生4～5代；长江下游地区，在4、5月份气温较低的年份才发生，危害较重。气温在5℃左右成虫即可活动、交尾、产卵，气温达30℃时是其正常活动的极限。幼虫孵化后，在2小时内即可侵入叶肉，幼虫有转株习性，老熟后在潜道内化蛹，幼虫一生主要在叶鞘内蛀食，叶鞘被害，叶片枯黄，影响植株正常生长。

② 防治措施

a. 农业措施　适时灌溉，清除杂草，消灭越冬、越夏虫源，降低虫口基数。

b. 药剂防治　掌握成虫发生期，及时喷药防治，防止成虫产卵，成虫主要在叶背面产卵，应喷药于叶背面。也可在幼虫危害初期喷药防治，防治幼虫要连续喷2～3次，农药可用40％乐果乳油1000倍液、40％氧化乐果乳油1000～2000倍液、50％敌敌畏乳油800倍液、50％二溴磷乳油1500倍液、40％二嗪农乳油1000～1500倍液。

4.2.4　食根害虫

食根害虫是指主要生活在土表下，危害草坪草根部及茎基部的害虫，包括地老虎、蛴螬、金针虫、蝼蛄等，造成草坪草植株黄枯，严重时形成“斑秃”。

(1) 地老虎

① 形态及习性　地老虎属鳞翅目夜蛾科。在我国危害草坪草的主要种类是小地老虎与黄地老虎。小地老虎成虫，体粗壮，长16～32毫米，深褐色，前翅有几条深色横线；在内横线与中线间有一环形斑，中线与外横线间有一肾形斑；在肾形斑外侧有一个三角形小黑斑，尖端向外，与其相邻的亚缘线处有2个相似的三角形黑斑，尖端向内，这3个黑斑组成的品字形，是识别本种的主要特征；后翅灰白色。老熟幼虫体长37～47毫米，圆筒形；头黄褐色，胸腹部黄褐色至黑褐色，体表粗糙；在腹部第1～3节的背面，各有4个深色毛片组成梯形，后两个比前两个大1倍以上；末节的臀板黄褐色，有2条深褐色纵带。

黄地老虎成虫体长14～19毫米，体色较鲜艳，呈黄褐色，前翅上的横线不明显，而肾形斑和环形斑很明显；后翅灰白色，半透明。老熟幼虫体长为33～43毫米，体圆筒形，稍扁，黄褐色，体表多皱纹，腹部背面的4个毛片大小相似；臀板上有两块黄褐色大斑，中央断开，有较多分散的小黑点。

小地老虎属世界性害虫，在我国各地广泛分布，1年发生多代，从东北的2代或3代至华南的6代或7代不等。黄地老虎多与小地老虎混合发生，1年发生多代，东北地区2代或3代，华北地区3代或4代。成虫昼伏夜出，有很强的趋光性与趋化性。幼虫一般有6龄，1～2龄幼虫一般栖息于土表或寄主叶背和心叶中，昼夜活动，3龄以后白天入土约2厘米处潜伏，夜出活动。地老虎喜温暖潮湿的环境，一般以春、秋两季危害较重。

② 防治措施

a. 及时清除草坪附近杂草，减少虫源。

b. 诱杀成虫　利用黑光灯、糖醋酒液或雌虫性诱剂诱杀均可。诱杀时间可从3月初至5月底，黑光灯下放置毒瓶、盛水的大盆或大缸，水面洒上机油或农药。糖醋液配制比为糖6份、醋3份、白酒1份、水2份，加适量敌敌畏盛于盆中，近黄昏时放于草坪中，第二天天亮时收回。

c. 人工捕杀幼虫　在发生量不大，枯草层又薄的情况下，在被害苗的周围，用手轻拂苗周围的表土，即可找到潜伏的幼虫。

d. 药剂防治　应在3龄以前防治。可用2.5%敌百虫粉22.5千克/公顷与337.5千克细土混匀，配成毒土，均匀撒施在草坪上；也可根据虫情用2.5%敌百虫粉按30～37.5千克/公顷的用量喷粉。或用90%敌百虫800～1000倍液或50%地亚农1000倍液，或50%辛硫磷1000倍液喷雾防治。也可用毒饵诱杀：90%敌百虫7.5千克用水稀释5～10倍，喷拌碎的鲜菜叶等750千克，傍晚以小堆撒在草坪上诱杀，用量300千克/公顷；或将豆饼、棉籽饼或麦麸等饵料300～375千克，炒香后用50%辛硫磷或马拉硫磷7.5千克稀释5～10倍喷拌均匀，按30～37.5千克/公顷的用量撒入

草坪。

(2) 蛴螬

① 形态及习性 蛴螬是鞘翅目金龟甲科昆虫幼虫的统称。危害草坪的蛴螬种类很多，主要有东北大黑鳃金龟、毛黄鳃金龟、铜绿丽金龟、中华弧丽金龟和白斑花金龟等。蛴螬体肥大，体长35～45毫米，多为白色，少数为黄白色。体壁较柔软多皱，体表疏生细毛。头大而圆，多为黄褐色，较坚硬；咀嚼式口器发达；蛴螬有3对较发达的胸足，腹部无足并向腹面弯曲，使身体呈“c”形。成虫统称金龟甲，前翅硬化如刀鞘。是危害草坪最重要的地下害虫之一。

蛴螬栖息在土壤中，取食萌发的种子，造成缺苗，还可咬断幼苗的根、根茎部，造成地上部成片死亡。被危害的草坪草地上部分并无明显的被害症状，但土壤下1～2厘米深处的根系却由于蛴螬的取食而大面积被损害。在草坪上表现的被害状为：草坪上出现萎蔫斑块，提供充足的灌溉仍不能恢复生长，不久草坪颜色发褐，呈不规则状死亡，死亡的草皮如地毯一般，很容易被卷起。

有机质多的土壤蛴螬危害较重。土壤干燥卵易干死，或者导致初孵幼虫死亡。土壤湿润对蛴螬的发生有利，雨量过大或积水对蛴螬的发生不利。

② 防治措施

a. 农业措施 在草坪建植前，对土壤深翻耕压，利用机械损伤和鸟兽啄食可大大压低虫口基数。合理施肥，施适量碳酸氢铁、腐殖酸铁等化肥作底肥，对蛴螬有一定的抑制作用。成虫产卵盛期，适当限制草坪灌水可抑制金龟甲卵的孵化，从而减少幼虫的危害及以后防治的困难。

b. 诱杀防治 利用金龟甲类的趋光性，设置黑光灯诱杀，效果显著。用黑绿单管黑光灯（发出一半绿光一半黑光）的诱杀效果较普通黑光灯好。

c. 药剂防治　每公顷用50%辛硫磷乳油1.5～2.25千克，兑细土30～40千克，撒在土壤表面，然后犁入土中。也可施用颗粒剂或将药剂与肥料混合施入。播前种子处理剂有50%辛硫磷乳油和20%甲基异硫磷乳油等，用药量为种子质量的0.1%～0.2%，具体做法是：先将药剂用种子质量的10%的水稀释，然后喷拌于待处理的种子上，堆放10小时使药液充分吸渗到种子中以后即可播种。在幼虫发生初期，可喷洒50%辛硫磷乳油和50%马拉硫磷乳油1000～1500倍液，喷施前在草坪上打孔，喷药后灌水，可使药液渗入草皮下，从而杀灭幼虫。

(3) 金针虫

① 形态及习性　金针虫是叩头虫的幼虫，属鞘翅目叩头甲科。金针虫体形细长，圆柱形或略扁，颜色多数为黄色或黄褐色；体壁光滑、坚韧，头和体末节坚硬；无上唇。成虫体狭长，末端尖削，略扁；多暗色；头紧镶在前胸上，前胸背板后侧角突出呈锐刺，前胸与中胸间有能活动的关节，当捉住其腹部时，能作叩头状活动。

主要种类有沟金针虫、细胸金针虫。沟金针虫3年完成1代，以幼虫或成虫在土壤深层越冬，多分布于长江流域以北地区，喜在有机质较少的沙壤土中生活。细胸金针虫2～3年完成1代，以幼虫或成虫越冬，分布于淮河流域以北地区，喜在灌溉条件较好、有机质较多的黏性土壤中生活。

两种金针虫均喜欢在土温11～19℃的环境中生活。因此，在4月份和9、10月份危害严重，在地下主要为害草坪根茎部，可咬断刚出土的幼苗，也可咬食草坪根部及分蘖节，被害处不完全咬断，断口不整齐。还可钻入茎内危害，使植株枯萎，甚至死亡。

② 防治措施

a. 栽培防治 沟金针虫发生较多的草坪应适时灌溉，保持草坪的湿润状态可减轻其危害，而细胸金针虫发生较多的草坪则宜维持适宜的干燥以减轻发生。

b. 诱杀防治 细胸金针虫成虫对杂草有趋性，可在草坪周围堆草（酸模、夏至草等）诱杀，堆成面积40～50厘米。高10～16厘米的草堆，在草堆内撒入触杀型农药，可以毒杀成虫。

c. 药物防治 撒施5%辛硫磷颗粒剂，用量为30～45千克/公顷；若个别地段发生较重，可用40%乐果乳油、50%辛硫磷乳油1000～1500倍液灌根，灌根前需将草坪打孔通气，以便药剂渗入草皮下。

（4）蝼蛄

① 形态及习性 蝼蛄属直翅目蝼蛄科。身体长圆筒形，体被绒状细毛，头尖，触角短，前足粗壮，为开掘足，端部开阔有齿，适于掘土和切断植物根系；前翅短，后翅长，为害草坪的主要有华北蝼蛄与东方蝼蛄。这2种蝼蛄的主要区别是后足胫节背面内侧刺的数目，东方蝼蛄3根或4根，华北蝼蛄0根或1根。

蝼蛄的成虫与若虫均可产生为害，一种为害方式是咬食地下的种子、幼根和嫩茎，把茎秆咬断或撕成乱麻状，使植株枯萎死亡。另一种为害方式是在表土层串行，形成大量的虚土隧道，使植物根系失水、干枯而死。

蝼蛄具有群集性（初孵若虫具有群集性）、趋光性、趋化性（香、甜）、趋粪性、喜湿性（蝼蛄跑湿不跑干）和产卵地点的选择性，如华北蝼蛄多在干燥向阳、松软的土壤里产卵。盐碱地虫口密度大，壤土地次之，黏土地最小，水浇地虫口密度大于旱地。在早春地温升高，蝼蛄活动接近地表，地温下降又潜回土壤深处。在春、秋季节，旬平均气温和20厘米地温在16～20℃时，是蝼蛄危害高峰期。夏季气温在23℃以上时，蝼蛄潜入深层土中，一旦气温降低，再次上升至耕层活动。

② 防治措施

a. 灯光诱杀成虫　特别在闷热天气、雨前的夜晚更有效。可在晚上 7:00～10:00 点灯诱杀。

b. 毒饵诱杀　用 80%敌敌畏乳油或 50%辛硫磷乳油 0.5 千克拌入 50 千克煮至半熟或炒香的饵料（麦麸、米糠等）中作毒饵，傍晚均匀撒于草坪上。但要注意防止畜、禽误食。

c. 毒土法　虫口密度较大的草坪，撒施 5%辛硫磷颗粒剂，用量为 30 千克/公顷，为保证撒施均匀，可掺适量细沙土。

d. 灌药毒杀　用 50%辛硫磷乳油 1000 倍液、48%毒死蜱乳油 1500 倍液灌根，灌根前需在草坪上打孔，使药剂更容易下渗。

农药安全使用小知识

① 应尽量不用或少用化学药剂，只有当害虫对草坪危害严重时才进行化学药物防治。

② 应在无雨、3 级风以下天气施药，不能逆风喷施农药。夏季高温季节，中午不能喷药，施药人员每天喷药时间一般不能超过 6 小时。

③ 施用杀虫剂时，要注意防护，不要将药剂喷到人的皮肤或五官等处，要身穿干燥的工作服，戴上口罩、防护眼镜、胶皮手套等。

④ 草坪管理人员在施用杀虫剂后，要将身体的裸露部分以及工作服等物品冲洗干净后再进行正常活动，如饮水、进食等。

⑤ 在喷洒药剂后几日内，应禁止人和动物进入喷药区，要等药剂被水冲掉，草坪干燥后，再允许进入草坪，避免中毒。

⑥ 如果在施用化学药剂时，不慎将药剂喷到了人体或动物体上，应立即用水和肥皂冲洗干净。如果发现药物中毒，应立即根据所用药剂的性质，口服一些解毒药剂，如有机磷杀虫剂的解毒药剂

(苏打水、硫酸阿托品、解磷定等)；当呼吸困难时，可输入氧气，并送往医院治疗。

4.3　草坪病害防治

草坪草在生长发育过程中需要一定的外界条件（如阳光、温度、水分、养分、空气等），如果这些环境条件不适宜，或者遭受有害生物的侵染，使其新陈代谢受到干扰或破坏、内部生理功能或外部组织形态发生改变，生长发育就会受到明显的阻碍，甚至导致局部或整株死亡，这种现象就称为草坪病害。

一般机械创伤（如雹害、风害、器械损伤以及昆虫和其他动物的咬啮伤害等）与草坪病害的性质是不同的，这些创伤由于没有病理变化过程，故不能称为草坪病害。

4.3.1　草坪病害类型

目前，草坪病害的分类还没有统一的规定，现有的分类方法有以下几种。

按草坪草分类：早熟禾病害、结缕草病害、剪股颖病害等。

按发病部位分类：叶部病害、根部病害等。

按生育阶段分类：幼苗病害、成株病害等。

按传播方式分类：气传病害、土传病害、种传病害等。

按病原分类：引起草坪病害的各种原因称为病原。根据病原的不同，可将草坪病害发生的原因分为两大类：由不适宜的环境条件引起的病害，称为非侵染性病害；由有害生物的侵染而引起的病害，称为侵染性病害。侵染性病害又可分为真菌病害、细菌病害、病毒病害、植原体病害、线虫病害等。

按寄主植物分类的优点是便于了解一类或一种草坪草的病害问题；按发病部位分类便于诊断；一种草坪草上往往能发生许多种病害，各个时期病害的性质不同，防治措施也不一样，按生育阶段分类有利于在不同时期采用不同的防治方法；按传播方式分类便于根据传播特点考虑防治措施；病害的发生和发展规律以及防治方法依病原的种类不同而明显不同，按病原分类便于针对感病原因对病害进行综合防治。

（1）非侵染性病害　虽然草坪草对外界各种不良环境因素具有一定的适应性，但如果这些不良环境因素作用的强度超过了草坪草适应的范围时，草坪草就会发生病害。这类病害引起的原因，不是由生物因子引起的，是不能传染的，所以叫做非侵染性病害，又称为生理性病害。非侵染性病害的发生，取决于草坪草和环境两方面的因素，在这类病害中只存在两者关系，不适宜的环境条件即是非侵染性病害的病原。

① 非侵染性病害发生的原因　引起非侵染性病害的原因很多，其中包括土壤缺乏草坪草必需的营养元素，或营养元素的供给比例失调；土壤中养分过多或过少；水分或多或少；温度过高或过低；光照过强或不足；环境污染产生的一些有毒物质或有害气体等，这些因素都会影响草坪草生长发育的正常进行，导致病害的发生。在非侵染性病害中各种因子是互相联系的，一种是环境发生的变化超过了草坪草的适应能力而引起其发病，其他环境因素作为环境条件也在影响这种非侵染性病害的发生与发展。例如：土壤酸碱度影响土壤中营养元素的有效性；环境中的生物因素也可以影响非侵染性病害。

② 非侵染性病害的诊断　非侵染性病害的原因有很多，而且有些非侵染性病害的症状与病毒或植原体的侵染或根部受病原物侵染时的表现很相似，因而给诊断带来一定的困难。在诊断非侵染性病害时，现场的观察尤为重要，它的发生一般与特殊的土壤条件、气候条件、栽培措施及环境污染源等相关，非侵染性病害往往在草坪上成片发生，这与侵染性病害先出现发病中心，然后向四周蔓延是完全不同的。

常见的非侵染性病害症状有变色、坏死、萎蔫、畸形等。其特点是没有病症出现，而且通常是整株、成片甚至大面积发生，这一点易与病毒病及植原体病害相混淆，但是非侵染性病害是不能相互传染的，因此，其识别可通过接种来鉴别。此外，化学诊断是缺素症有效的诊断方法。

(2) 侵染性病害　病害的发生和流行，必须具备3个条件，即必须有大量的感病的寄主植物、致病力强的病原物和适宜的环境条件。侵染性病害是由生物因素引起的：引起草坪病害的生物称为病原物，主要包括真菌、细菌、病毒、类病毒、类菌质体、植原体、衣原体、立克次氏体等。这些病原物尽管差异很大，但作为草坪草的病原物，它们具有某些共同特征。它们绝大多数对草坪草都具有不同程度的寄生能力和致病能力；具有很强的繁殖力；可以从已感病的植株上通过各种途径，主动地或借助外力传播到健康植株上；它们在适宜的环境条件下生长、发育、繁殖、传播，周而复始，逐步扩大蔓延。由于这类病害对草坪草造成的危害最大，因此，需要及时做好防治工作。

4.3.2　草坪病害的症状

症状是指草坪草生病后的不正常表现（病态）。症状是由病状和病症两部分组成。草坪草本身的不正常表现称为病状。病害在病部可见的一些病原物结构（病原物的表现）称为病症。凡是植物病害都有病状，真菌和细菌所引起的病害有比较明显的病症，病毒和植原体等由于寄生在植物细胞和组织内，在植物体外无表现，因而它们引起的病害无病症。非侵染性病害也无病症。

草坪病害的症状既有一定的特异性又有相对的稳定性。因此，它是诊断病害的重要依据之一。同时，症状反映了病害的主要外观特征，许多草坪病害通常是以症状来命名的。因而认识和研究草坪病害一般从观察症状开始。

(1) 病状类型 常见的病害症状可归为5种类型，即变色、坏死、腐烂、萎蔫和畸形。

① 变色 草坪草生病后发病部位失去正常的绿色或表现出异常的颜色称为变色，其病部细胞并未死亡。变色主要表现在叶片上，全叶变为淡绿色或黄色的称为褪绿，全叶发黄的称为黄化，叶片变为黄绿相间的杂色称为花叶或斑驳。如冰草、狗牙根、羊茅、黑麦草和早熟禾等草坪草的黄矮病，剪股颖、羊茅、黑麦草和早熟禾等草坪草的花叶病等。

② 坏死 草坪草发病部位的细胞和组织死亡称为坏死，其病部细胞和组织的外形轮廓仍保持原状态。斑点是叶部病害最常见的坏死症状，其形状、颜色、大小不同，一般具有明显的边缘。叶斑根据其形状可分为圆斑、角斑、条斑、环斑、网斑、轮纹斑等，如狗牙根网斑病、环斑病；根据其颜色可分为褐（赤）斑、铜斑、灰斑、白斑等，如剪股颖铜斑病、赤斑病等。坏死类病状是草坪草病害的主要症状之一。

③ 腐烂 腐烂是指草坪草发病部位较大面积的死亡和解体植株的各个部位都可发生腐烂，尤其幼苗或多肉的组织更容易发生腐烂，含水分较多的组织内与细胞间中胶层被病原物分泌的脑壁降解酶分解，致使细胞分离，组织崩解，造成其软腐或湿腐，腐烂后水分散失，成为干腐。根据腐烂发生的部位，可分为芽腐、根腐、茎腐、叶腐等。如禾草芽腐、根腐、根茎腐烂以及冬季长期积雪地区越冬禾草的雪腐病等。

④ 萎蔫 草坪草因生病而表现的失水状态称为萎蔫。萎蔫可以由各种原因引起，茎基坏死、根部腐烂或根的生理功能失调都会引起植株萎蔫，但典型的萎蔫是指植株根和茎部维管束组织受病原物侵害造成导管阻塞，影响水分运输而出现的凋萎，这种萎蔫一般是不可逆的，萎蔫可以是全株性的，也可以是局部性的，如匍匐剪股颖细菌性萎蔫等。

⑤ 畸形　植物发病后因植株或部分细胞组织的生长过度或不足，表现为整株或部分器官的不正常状态称为畸形。有的植株生长得特别快而发生徒长；有的植株生长受到抑制而矮化。如黑麦草、高羊茅和早熟禾黄矮病等。

(2) 病症类型

① 霉状物　病原真菌的菌丝体、孢子梗和孢子在病部构成各种颜色的霉层，霉层即为真菌病害常见的病症，据其颜色、形状、结构、疏密程度等可分为霜霉、青霉、灰霉、黑霉、赤霉、烟霉等，如草坪草霜霉病等。

② 粉状物　某些病原真菌一定量的孢子密集在病部产生各种颜色的粉状物，依其颜色有白粉、黑粉等。如草坪草的白粉病所表现的白色粉状物，黑粉病在发病后期表现的黑色粉状物。

③ 锈状物　病原真菌中的锈菌的孢子在病部密集所表现的黄褐色锈状物，如锈病。

④ 点（粒）状物　某些病原真菌的分生孢子器、分生孢子盘、子囊壳等繁殖体和子座等在病部构成的不同大小、形状。颜色（多为黑色）和排列的小点，如草坪草炭疽病病部的黑色点状物。

⑤ 线（丝）状物　某些病原真菌的菌丝体或菌丝体和繁殖体的混合物在病部产生的线（丝）状结构，如白绢病病部形成的颗粒状物。

⑥ 脓状物（溢脓）　病部出现的脓状黏液，干燥后成为胶质的颗粒，这是细菌性病害特有的病症，如细菌性萎蔫病病部的溢脓。

4.3.3　草坪病害的病原

(1) 侵染性病害的病原　侵染性病害的病原包括真菌次氏体等。生物因素和环境因素，即病原物和不良环境条件。细菌、病毒、类病毒、阮病毒、植原体、衣原体。

① 真菌　真核生物，真菌的细胞具有真正的细胞核和含有几丁质或纤维素或两者兼有的细胞壁，其营养体通常是丝状分枝的菌丝体。繁殖方式是产生各种类型的孢子，没有叶绿素，不能进行光合作用，属于异养生物。能够引起草坪病害的主要真菌有以下几种。

a. 鞭毛菌亚门的腐霉属（*Pythium*）引起草坪禾草的芽腐、苗腐、苗猝倒、叶腐、根腐、根茎腐等病；指疫霉属（*Sclerophthora*）可引起多种禾草的霜霉病。

b. 子囊菌亚门的白粉菌属（*Erysiphe*）引起多种禾草的白粉病；白色雪腐属（*Myriosclerotinia*）引起草坪草的白色雪腐病；黑病菌属（*Phdlachom*）引起禾草的黑痣病；顶囊菌属（*Gaeumannomyces*）引起草坪草的全蚀病；小球腔菌属（*Lephtosphaeria*）引起狗牙根春季死斑病。

c. 担子菌亚门的锈菌引起草坪禾草的锈病，锈菌引起草坪病害的属有柄锈菌属（*Puccinia*）和单胞锈菌属（*Uromyces*）；黑粉菌属（*Ustilago*）引起多种草坪草的条形黑粉病，而且有多种转化型；条黑粉菌属（*Uromyces*）引起草坪禾草黑粉病，叶黑粉菌属（*Entyloma*）引起剪股颖、羊茅、早熟禾和梯牧草的叶黑粉病；伏革菌属（*Corticlum*）危害剪股颖、羊茅、黑麦草、早熟禾等多种草坪草，引起红丝病；核瑚属（*Typhula*）造成禾草的雪腐病；鬼伞属（*Coprinus*）引起禾草雪腐病。另外，还有杯伞属（*Clitocybe*）、小皮伞属（*Marasmius*）、环柄菇属（*Lepiota*）、马勃属（*Lycoperdon*）、硬皮马勃属（*Scleroderma*）和口蘑属（*Tricholoma*）能造成草坪的仙人圈。

d. 半知菌亚门的德氏霉属（*Drechslera*）主要引起多种草坪禾草的叶斑和叶枯，也可危害芽、苗、根和根茎，产生种腐、芽腐、苗腐、根茎腐等症状；离蠕孢属（*Bipolaris*）侵染草坪禾草引起

叶枯、根腐和茎腐等症状；弯孢霉属（*Curvularia*）引起草坪禾草的叶枯、根茎和叶鞘腐烂；喙孢霉属（*Rhynchosporium*）危害羊茅、黑麦草、早熟禾、鸭茅、梯牧草、剪股颖等多种草坪禾草，引起叶枯病，也叫云纹斑病；捷氏霉属（*Gerlachia*）引起雪霉叶枯病；镰孢霉属（*Fusarium*）引起禾草的苗枯、根腐、茎腐、叶斑、叶腐、穗腐等；丝核菌属（*Rhizoctonia*）引起多种草坪禾草的综合性症状，有苗枯、根腐、茎腐、鞘腐和叶腐；小核菌属（*Sclerotium*）危害剪股颖、羊茅、黑麦草、早熟禾等多种草坪禾草，造成白绢病。还有尾孢属（*Cercospora*）引起剪股颖、狗牙根、羊茅等禾草叶斑病；芽枝霉属（*Cladosporium*）引起梯牧草的眼斑病；胶尾孢属（*Gloeocercospora*）引起剪股颖的铜斑病：黑孢属（*Nigrospora*）引起草地早熟禾、黑麦草和紫羊茅的叶枯病；梨孢霉属（*Pyricularia*）引起钝叶草的草瘟病，也叫灰斑病；壳二孢属（*Ascochyta*）引起各种草坪禾草的叶枯病；壳针孢属（*Septoria*）引起多种禾草的叶斑病。

② 细菌　原核生物，单细胞，不含叶绿素，寄生或腐生，异养生物。细菌对草坪的危害目前还不明显。植物细菌病害的病状有组织坏死、萎蔫和畸形3种类型，病症为脓状物。目前已知的草坪细菌性病害不多，主要有薄壁菌门假单胞杆菌属（*Pseudomona*）细菌引起的冰草和雀稗的褐条病，羊茅、黑麦草和早熟禾的孔疫病；厚壁菌门棒状杆菌属（*Corynebacterium*）引起的蜜穗病；薄壁菌门黄单胞菌属（*Xanthomonas*）引起的黑麦草和梯牧草的细菌性萎蔫病等。细菌性叶斑病发生初期病斑常呈现半透明的水渍状，其周围由于毒素作用形成黄色的晕圈，天气潮湿时病部常有滴状熟液或一薄层熟液，通常为黄色或乳白色。叶斑有的因受叶脉限制常呈角斑或条斑，有的后期脱落呈穿孔状。

③ 病毒　病毒是非细胞生物，比细菌小，其形态可分为杆状、线状、球状、弹状、双联体状等多种形态，不同类型的病毒粒体大

小差异很大。病毒病的病状主要有变色、坏死、畸形三种类型。植物病毒的病状容易发生变化，起变化的原因很多，主要是病毒、寄主和环境三方面的因素。

④ 植原体（MLO） 植原体是介于细菌和病毒之间的一类原核生物，无细胞壁，通常呈圆形或椭圆形。在植物组织或培养基中可见哑铃状、纺锤状、马鞍状、出芽酵母状、念珠状、丝状体等不规则形状。

植原体病害属于系统性病害，其病状表现为变色（黄化、红化等）、枯萎等。目前发现4～5种草坪病害是由植原体引起的，如狗牙根白化病、结缕草黄矮病、冰草黄化病等。

（2）非侵染性病害的病原 非侵染性病害的病原主要有营养失调、水分不均、温度不适和有害物质引起的中毒等。

① 营养失调 较为常见的是缺乏某种营养元素造成的缺素症或氮肥过量造成的草坪草叶色深绿、叶片细长柔弱和由于缺铁造成的黄化病、白化病等。

② 水分不均 水分失调（缺少或过量）会使植株发生不正常的生理现象，可引起细胞失去膨压，植株萎蔫、黄化等；发生涝害时，由于土壤中缺少氧气，抑制了根系的呼吸作用，会使植株变色、枯萎，最后引起根系腐烂甚至全株死亡。

③ 温度不适 植物体内一切生理生化活动必须在一定的温度下进行，过高或过低的温度都会影响植株的正常生长，甚至伤害植物器官或整个植株，如高温易发生日灼病，低温可以引起霜害和冻害等。

④ 有害物质引起的中毒 空气或土壤中的有害气体或物质有时会引起植物中毒，如二氧化硫、三氧化硫、硫化氢、二氧化氮、氟化氢、四氟化硅、氯气、粉尘等。化学农药（杀虫剂、杀菌剂、杀线虫剂、除草剂、杀鼠剂等）、化肥和生长调节剂的过量使用也有可能对草坪草造成毒害作用。

4.3.4 草坪病害与防治方法

4.3.4.1 草坪病害

草坪对人类的生产和生活，对人类赖以生存的环境起着美化、保护和改善的良好作用。草坪病害的发生和流行，则使得草坪草的生长受到影响，草坪景观遭到破坏，甚至导致草坪局部或大部面积的衰败直至死亡，从而也就使得草坪的功能荡然无存。因此，识别并防治病害就成了草坪保护的重要内容之一。

草坪的侵染性病害种类很多，发生的机理及危害的对象不同，其发病的症状也千差万别，这就为草坪病害的防治带来了一定的困难。对于一些常见的侵染性病害，现将其症状及危害对象阐述如下。

(1) 褐斑病　该病主要侵染草坪植株的叶鞘、茎，引起叶片和茎基的腐烂，一般根部不受害或受害很轻。发病初期，感病叶片出现水渍状斑块，边缘呈红褐色，后期变成褐色，最后干枯、萎蔫。受害草坪呈近圆形的褐色枯草斑块，条件适宜时，病情快速蔓延，枯草斑块可从几厘米迅速扩大到2米左右（图4-1）。由于枯草斑中心的病株比边缘病株恢复得快，因此，枯草斑就出现中央呈绿色、边缘呈枯黄色的环状。危害对象为能侵染所有已知的草坪草，如草地早熟禾、粗茎早熟禾、紫羊茅、高羊茅、多年生黑麦草、细弱剪股颖、匍匐剪股颖、野牛草、狗牙根、结缕草等250余种禾草。

(2) 腐霉枯萎病　该病主要造成芽腐、苗腐、幼苗猝倒和整株腐烂死亡。尤其在高温高湿季节，常会使草坪突然出现直径2～5米的圆形黄褐色枯草斑。清晨有露水时，病叶呈水渍状暗绿色，变软、黏滑，连在一起。用手触摸时，有油腻感。当湿度很高时，腐烂叶片成簇趴在地上且出现一层绒毛状的白色菌丝层，在枯草病区的外缘也能看到白色或紫灰色的菌丝体（依病菌不同种而不同）。修剪很低的高尔夫球场剪股颖草坪及其他草坪上枯草斑最初很小，

图 4-1 褐斑病

但迅速扩大。剪草高度较高的草坪枯草斑较大，形状不规则。在持续高温、高湿时，病斑很快联合，24 小时内就会损坏大片草坪。所有草坪草都感染腐霉病，而冷地型草坪草受害最重，如草地早熟禾、细弱剪股颖、匍匐剪股颖、高羊茅、细叶羊茅、粗茎早熟禾、多年生黑麦草和暖地型的狗牙根、红顶草等（图 4-2、图 4-3）。

（3）夏季斑枯病　发病最初出现直径 3～8 厘米的枯斑，以后逐渐扩大。典型的夏季斑为圆形的枯草圈，直径大多不超过 40 厘米，最大时可达 80 厘米，且多个病斑愈合成片，形成大面积的不规则形枯草区。在剪股颖和早熟禾混播的高尔夫球场上，枯斑环形直径达 30 厘米。典型病株根部、根冠部和根状茎黑褐色，后期维管束也变成褐色，外皮层腐烂，整株死亡。可以侵染多种冷季型草坪草，其中以草地早熟禾受害最重。

（4）镰刀霉枯萎病　病株根及根茎部位呈褐红色椭圆形病斑，

图 4-2 腐霉枯萎病（一）

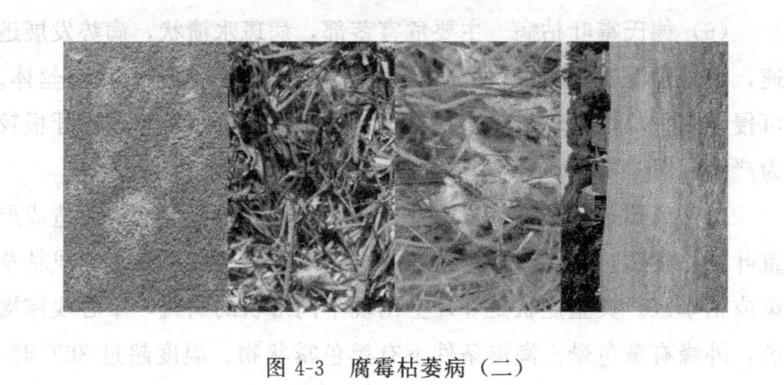

图 4-3 腐霉枯萎病（二）

逐渐变褐干腐，病死株呈直立状，感病草坪出现黄色圆形或不规则形枯死斑，在潮湿条件下根茎及茎基部有白色和粉红色菌丝。病原菌丝能侵染幼苗及种子，造成烂芽和苗枯。枯草层过厚、高温、土壤干旱尤其夏季高温强日照等条件易发生。可侵染多种草坪草、如早熟禾、羊茅、剪股颖等。

（5）币斑病　是低刈草坪最有破坏性的病害之一，对匍匐剪股颖的危害尤重。在15.5℃开始发病，在21～27℃最旺盛。症状是形成圆形、凹陷、漂白色或稻草色的小斑块，斑块大小从5分硬币到1元硬币面积大小不等。在高尔夫球场果岭上，出现的症状为：细小、环形、凹陷的斑块，斑块直径很少超过6厘米。如果病情变得严重时，斑块可愈合成更大的不规则形状的枯草斑块或枯草区。庭院草坪、绿地草坪和其他留茬较高的草坪上，可能出现不规则形的、褪绿的呈漂白色的枯草斑块，斑块2～15厘米宽或更宽。愈合后的斑块可覆盖大面积的草坪。清晨，当植株叶片上有露水存在而病原菌又处于活动状态时，在发病的草坪上可以看到白色、棉絮状或蛛网状的菌丝体。叶片变干后，菌丝体消失。侵染早熟禾、巴哈雀稗、狗牙根、假俭草、纫叶羊茅、细弱剪股颖、匍匐剪股颖、多年生黑麦草、草地早熟禾、匍匐羊茅、结缕草等多种草坪草（图4-4、图4-5）。

（6）德氏霉叶枯病　主要危害茎部，病斑水渍状，病势发展迅速，多雨潮湿时病株很快死亡，感病部位长出白色棉絮状菌丝体。可侵染多种草坪禾草，以草地早熟禾、小糠草、黑麦草、狗牙根较为严重（图4-6）。

（7）离孺孢叶枯病　危害叶、叶鞘、根和根茎等部位，造成严重叶枯、根腐、茎腐，导致植株死亡、草坪稀疏、早衰、形成枯草斑或枯草区。典型症状是叶片上出现不同形状的病斑，中心浅棕褐色，外缘有黄色晕。潮湿条件下有黑色霉状物。温度超过30℃时，病斑消失，整个叶片变干并呈稻草色。在天气凉爽时病害一般局限于叶片。在高温高湿的天气下，叶鞘、茎、根茎和根部都受侵染，短时间内就会造成草皮变薄和枯草区。发生在画眉草亚科和黍亚科草上，而狗牙根离孺孢可以侵染所有草坪草（图4-7）。

（8）弯孢霉叶枯病　发病草坪草衰弱、稀薄，有不规则形枯草

图 4-4　币斑病（一）

图 4-5　币斑病（二）

斑，枯草斑内植株矮小，呈灰白色枯死。草地早熟禾和细叶羊茅，病叶是从叶尖向叶基由黄色变棕色变灰色，直到最后整个叶片皱缩凋萎枯死，有时还能看到中心棕褐色，边缘红色至棕色的叶斑。匍匐剪股颖病叶从黄色变到棕褐色最后凋落。主要侵染画眉草亚科和

图 4-6　德氏霉叶枯病

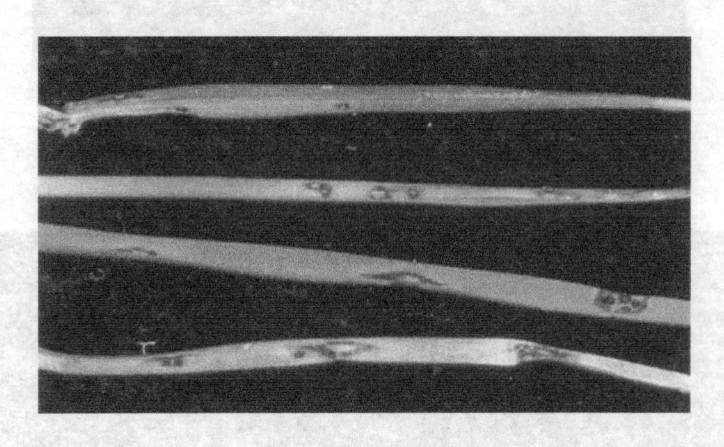

图 4-7　离蠕孢叶枯病

羊茅亚科的草坪草。

（9）喙孢霉叶枯病　主要危害叶片、叶鞘。病叶呈烫水渍状，有梭形或长椭圆形病斑，后期叶片枯萎死亡。早熟禾、黑麦草上常为长条形、不规则形褐斑。病斑边缘深褐色，两端有与叶脉平行的深褐色坏死线，中间枯黄色至灰白色。病斑上有霉层产生。后期多个病斑汇合呈云纹状，病叶常内叶尖向基部逐渐枯死。叶鞘上的病斑可绕鞘 1 周，导致叶片枯黄死亡。主要危害羊茅、早熟禾、黑麦

草和剪股颖等。

（10）锈病　锈菌主要危害叶片、叶鞘和茎秆，在感病部位生成黄色至铁锈色的夏孢子堆和黑色冬孢子堆，被锈病侵染的草坪远看是黄色的。不同锈病依据其夏孢子堆和冬孢子堆的形状、颜色、大小和着生部位等特点进行区分。所有禾草都能被侵染发病，尤其多年生黑麦草、高羊茅和草地早熟禾等受害最重（图4-8）。

图4-8　锈病

（11）黑粉病　条黑粉病和秆黑粉病症状基本相同，单株病草在草坪上或零星分布或形成大面积斑块（斑块里的大部分草都发病）。在春秋雨季凉爽天气里，病草呈淡绿色或黄色，植株矮化，叶片变黄，根部生长减缓。随其发展，叶片卷曲并在叶片和叶鞘上出现沿叶脉平行的长条形冬孢子堆，稍隆起。最初白色，以后变成灰白色至黑色，成熟后孢子堆破裂，散出大量黑色粉状孢子，如果用手触摸这些黑色的或烟灰状的粉末能被抹掉。严重病株叶片卷曲并从顶向下碎裂，甚至整株死亡。叶黑粉病的症状多种多样，与条黑粉病和秆黑粉病症状的区别在于它主要表现在叶片上，病叶背面有黑色椭圆形疱斑，即冬孢子堆，长度不超过2毫米，疱斑周围褪绿。严重时，整片叶褪绿变成近白色。以早熟禾属、剪股颖属、羊茅属等草易感染此病（图4-9）。

图4-9 黑粉病

（12）白粉病 白粉病菌主要侵染叶片和叶鞘，也危害茎秆和根部。受侵染的草皮呈灰白色，受害禾草首先在叶片上出现1～2毫米大小的褪绿斑点，以正面较多。之后病斑逐步扩大成近圆形、椭圆形绒絮状霉斑，初白色，后变灰白色、灰褐色。霉斑表面着生一层粉状分生孢子，易脱落飘散，后期留层中形成棕色到黑色的小粒点。老叶发病通常比新叶严重。随着病情的发展，叶片变黄，早枯死亡。可侵染狗牙根、草地早熟禾、细叶羊茅、匍匐剪股颖、鸭茅等多种禾草（图4-10）。

（13）炭疽病 冷凉潮湿时，病菌主要造成根、根茎、茎基部腐烂，以茎基部症状最为明显。病斑初期水渍状，颜色变深，并逐

图 4-10　白粉病

渐发展成圆形褐色大斑，后期病斑长有小黑点（分生孢子盘）。当冠部组织也受侵染严重发病时，植株生长瘦弱、变黄枯死。天气暖和时，特别是当土壤干燥而大气湿度高时，病菌很快侵染老叶，明显加速叶和分蘖的衰老死亡。叶片先形成长形的、红褐色的病斑，而后叶片变黄、变褐以致枯死。当茎基部被侵染时，整个分蘖也会出现以上病变过程。草坪上出现直径从几厘米至几米的、不规则的枯草斑，斑块呈红褐色—黄色—黄褐色—褐色的变化，病株下部叶鞘组织和茎上经常可看到灰黑色的菌丝体的侵染垫，在枯死茎、叶上还可看到小黑点。给一年生早熟禾和匍匐剪股颖造成的危害最重（图 4-11）。

图 4-11　炭疽病

(14) 红丝病　红丝病的典型症状是草坪上出现环形或不规则形状、直径为 5～50 厘米、红褐色的病草斑块。病草水渍状，迅速死亡。此叶弥散在健叶间，使草坪呈斑驳状。病株叶片和叶梢上生有红色的棉絮状的菌丝体（长度可达 10 毫米）和红色丝状菌丝束（可以在叶尖的末端向外生长约 10 毫米），清晨有露水或雨大时呈胶质肉状，干燥后呈线状。红丝病只侵染叶片，而且叶的死亡是从叶尖开始。危害剪股颖、羊茅、黑麦草和早熟禾、狗牙根等属草坪草（图 4-12）。

(15) 霜霉病　霜霉病的主要特点是植株矮化萎缩，剑叶和穗扭曲畸形，叶色淡绿有黄白色条纹。发病早期植株略矮，叶片轻微加厚或变宽，叶片不变色。发病严重时，草坪上出现直径为 1～10 毫米的黄色小斑块。在剪股颖属草和细叶羊茅上，典型斑块较小，一般不超过 3 厘米；黑麦草和早熟禾上斑块较大，每一斑块里面都有一丛茂密的分蘖，根黄且短小，容易拔起。在凉爽

图 4-12 红丝病

潮湿条件下，叶面出现白色、霜状霉层。钝叶草表现出类似病毒病害的症状，病叶上出现沿叶脉平行伸长的白色线状条斑，条斑上表皮稍微突起。危害黑麦草、早熟禾、羊茅、剪股颖等草坪草（图 4-13）。

（16）病毒病　禾草病毒病的症状，主要表现在叶片均匀或不均匀褪绿，出现黄化、斑驳、条斑，还可观察到植株不同程度的矮化、死蘖，甚至整株死亡等。被两种或两种以上病毒侵染的植株，症状要比只受其中一种病毒侵染严重很多。病毒的不同株系引起的症状不同，并且弱毒株系可对同一病毒的强毒株系或近似病毒产生交叉保护作用，有时还会因温度等原因出现隐症现象。主要危害钝叶草、冰草、鸭茅等。

（17）细菌性萎蔫病　细菌病害在草坪草叶片上的症状：出现细小的黄色叶斑，叶斑可愈合形成长条斑，叶片变成黄褐色至深褐色。出现散乱的、较大的、深绿色的水渍状病斑，病斑迅速干枯并死亡；出现细小（1 毫米）的水渍状病斑，病斑扩大，变成灰绿色，然后变成黄褐色或白色，最后死亡。病斑经常愈合成不规则的长条斑或斑块而使整片叶枯死。在潮湿条件下，可从病斑处渗出菌脓。主要危害匍匐剪股颖（图 4-14）。

图 4-13　霜霉病

4. 3. 4. 2　草坪病害的防治方法

草坪病害有非侵染性病害和侵染性病害两大类。防治非侵染性病害的主要措施是改善环境条件，消除不利因素，增强草坪草的抗病能力。侵染性病害的防治措施，应从下列 3 个方面考虑：提高寄

图 4-14 细菌性萎蔫病

主植物的抗病能力；防止病原物的侵染、传播和蔓延，对已感病的草坪进行处理；创造有利于草坪草、不利于病原生物的环境条件。

病害防治方法多种多样，按其作用原理和应用技术，可分为植物检疫法、农业防治法、生物防治法、物理防治法和药剂防治法五类。各类防治法各有其优缺点，需要互相补充和配合，进行综合防治，方能更好地控制病害。在综合防治中，应以农业防治为基础，因地制宜，合理运用药剂防治、生物防治和物理防治等措施。

（1）植物检疫　植物检疫是国家通过颁布有关条例和法令，对植物及其产品，特别是种子等繁殖材料进行管理和控制，防止危险性病害传播蔓延。主要任务有：禁止危险性病害病原物随着植物及其产品由国外输入和由国内输出；将国内局部地区已发生的危险性病害封锁在一定的范围内，不让其传播到尚未发生该病的地区，并且采取各种措施逐步将其消灭；当危险性病害传入新区时，应采取紧急措施，就地彻底肃清。因而植物检疫是病害防治的重要预防性措施。我国绝大多数的草坪草种是从国外引入，传带危险性病害的概率较高，因此，由境外引进或调入草坪草的种子或无性繁殖材料必须执行严格的检疫措施。

植物检疫分为对内检疫和对外检疫两类。每个国家都有其对内和对外检疫性病害。随着国内外贸易发展和种子调运频繁以及危险性病害种类的不断变化，检疫性病害也不是固定不变的，必须根据实际情况进行修订和补充。在现行的植物检疫性病害中以草坪禾草作为寄主的检疫性病害有：禾草腥黑穗病、小麦矮腥黑穗病、小麦印度腥黑穗病。

（2）农业防治　农业防治又称栽培措施防治，是病害防治的根本性措施，也是最经济、最基本的病害防治方法。其防治措施有以下几种。

① 选用健康无病的种子和繁殖材料　有些病害是随种子等繁殖材料而扩大传播的，因此，对于新建草坪，要把使用无病种子放在最重要的位置上，以免造成不必要的损失。

② 选用抗病的草种、品种　不同种和品种的草坪草对病害的抗病性不同，因此，使用抗病品种是防治草坪病害经济有效的方法。如有可能，可以通过各种育种手段，培育新的抗病品种。

③ 合理修剪　合理修剪不但有利于草坪草生长发育，使植株

健壮，能够提高其抗病能力，而且结合修剪可以剪除病枝、病梢、病芽等，减少病原菌的数量。但也要注意修剪造成的伤口，伤口不仅是多种病菌侵入的门户，且伤口的伤流液有利于病菌的生长和繁殖，因此需要用喷药或涂药等措施保护伤口不受侵染。

④ 及时除草　杂草不仅影响草坪草的生长，它们还是病原物繁殖的场所。因此，及时清除杂草，也是防治病害的必要措施。

⑤ 消灭害虫　有些病原物是靠昆虫传播的，例如：软腐病病原菌、病毒等就是由蚜虫、介壳虫、蓟马等害虫传播的，故消灭害虫也可以防止或减少病害的传播。

⑥ 及时处理病株　发现病株要及时除掉深埋，或烧毁。同时对残茬及落地的病叶、病枝等要及时清除。

⑦ 加强水肥管理　合理的水肥管理，可促进草坪草良好生长发育，提高其抗病能力。草坪的灌溉和排水直接影响病害的发生与发展，排水不良是引起草坪草根部腐烂病的主要原因，并引起侵染性病害的蔓延，故在低洼或排水不良的土地上建植草坪，应设置排水系统。施肥要全面、均衡，施肥时应遵循“重施秋肥、轻施春肥、巧施夏肥”的原则。

(3) 生物防治　利用有益生物或其代谢产物防治植物病害的方法称为生物防治。按其作用可分为拮抗作用、重寄生作用、交互保护作用、植物诱导抗病作用等。如在草坪上，可用链霉素防治细菌性软腐病，用内吸性好的灰黄霉素可以防治多种真菌病害，对植株接种某些内生真菌可以防治高羊茅的褐斑病。

相对于化学防治，生物防治有对环境污染小、无农药残留、不杀伤有益生物等优点，因此，在病害防治中有广阔的发展前景。

(4) 物理防治　物理防治主要利用热力、冷冻、干燥、电磁波、超声波、核辐射、激光灯手段抑制钝化或杀死，达到防治病害的目的。各种物理防治方法多用于处理种子、草皮卷、其他繁殖材料和土壤。常用的方法有以下几种。

① 利用热力处理　这种方法主要用于无性繁殖草坪草的热力消毒，对于草坪种子，可用温汤浸种杀死种子感染的病原菌。用50～55℃温水处理10分钟即可杀死病原物而不伤害种子。

② 利用比重法清选种子　一般携带病原物的种子比健康种子轻，利用筛子、簸箕等，把夹杂在健康种子中间的感病种子筛除，也可用盐水、泥水、清水等漂除病粒。

③ 微波　微波加热适于对少量种子等进行快速杀菌处理。目前微波炉已用于植物检疫，处理旅客携带或邮寄的少量种子与农产品。

(5) 化学防治　利用化学药剂杀死或抑制病原微生物，防止或减轻病害造成的损失的方法，即为化学防治，也称药剂防治。由于我国草坪业起步较晚，对于草坪病害的防治来讲，化学防治仍是一项重要措施。

草坪病害防治的药剂类型很多，不同的剂型、不同的药剂，其施药方式也不一样。施药方式要根据农药剂型、植物形态、栽培方式以及病原物的习性和危害特点等来确定，主要有以下几种。

① 土壤处理　目的是杀死和抑制土壤中的病原物。防止上传病原物引起的苗期病害和根部病害。用药措施有表施粉剂、药液浇灌、使用毒土、土壤注射等，前者主要作用在于杀灭在土壤表面或浅层存活的病原物，后3种主要用于杀灭或抑制在土壤中分布广泛并能长期存活的病原物。土壤药剂处理目前主要用于草皮基地、局部草坪草根系周围等的土壤。

药剂处理土壤，可以引起土壤的物理化学性质和土壤微生物群落的改变。在进行土壤药剂处理前，要详细分析，以免带来不良后果。

② 种子处理　许多病害是通过种子传播的，因此，可以通过种子消毒来防止病害的发生和传播。种子处理即是消灭种子表面和内部的病原物，同时保护种子不受土壤中病原物的侵染，若使用内

吸性杀菌剂还可以使药剂通过幼苗吸收输导到地上部，使其不受病原物的侵染。常用的种子处理方法有浸种、拌种、闷种和包衣。

③ 草坪草茎叶处理　其方法主要有喷雾、喷粉两种。

喷雾的药剂有可溶性粉剂、可湿性粉剂、乳油和悬浮剂等，通过加水稀释均匀，利用喷雾器均匀喷洒于草坪上。雾滴直径应在200微米左右，雾滴过大不但附着力差，容易流失，而且分布不匀，覆盖面积小。

喷粉是用喷粉器把粉剂农药均匀喷撒在植物表面的施药方法。喷粉的药剂都是固体的粉剂，一般是在生长季节喷撒在植物上防止病原菌的侵染，也可用于地面喷撒，以杀死越冬菌源。喷粉应选择晴天无风、露水未干的早晨进行。

对于成坪草坪，应在其进入发病期前，喷适量的波尔多液或其他广谱保护性杀菌剂1次，以后每2周喷一次，连续喷3～4次。这样可防止多种真菌或细菌性病害的发生。病害种类不同，所用药剂也各异。但应注意药剂的使用浓度、喷药的时间和次数、喷药量等。一般草坪草叶片保持干燥时喷雾效果好，叶片潮湿时喷粉效果较好。喷药次数应根据药剂残效期长短而确定，一般7～10天一次，共喷2～5次即可。雨后应补喷。此外，应尽可能混合施用或交替使用各种药剂，以利于充分发挥药效和防止耐药性的产生。

4.3.4.3　常见草坪病害的防治

(1) 褐斑病

① 加强草坪的科学养护管理　在高温高湿天气来临之前或其间，土壤高含氮量会加剧病情。因此，在这个季节要少施氮肥或不施氮肥，但适量增施磷、钾肥，有利于控制病情。避免串灌和漫灌，特别强调避免傍晚灌水，在早晨尽早去掉吐水（或露水）有助于减轻病情。及时修剪，过密草坪要适时打孔、梳理，以保持通风透光，降低田间湿度；枯草和修剪后的残草要及时清除，保持草坪清洁卫生。

② 选育和种植耐病草种　目前没有能抵抗此病的品种，但品种间存在明显的抗病性差异，粗茎早熟禾和早熟禾较为抗病。因此，根据各地具体情况，选用相对耐病草种。

③ 药剂防治　选用甲基立柏灵、五氯硝基苯、粉锈宁等0.2%～0.4%药剂拌种，或进行土壤处理。成坪草坪要在早期防治，北京地区防治褐斑病的第一次用药时间最好在4月底或5月初。可用代森锰锌、百菌清、甲基托布律、50%灭霉灵可湿性粉剂、3%井冈霉素水剂等800～1000倍喷洒。也可用灌根或泼浇法，控制发病中心。

（2）腐霉枯萎病

① 改善草坪立地条件　建植前要平整土地，改良土壤，设置排水设施，避免雨后积水，降低地下水位。良好的土壤排水对有效防治腐霉枯萎病是非常重要的。在排水不良或过于紧实的土壤中生长的草坪草根系较浅，大量灌水会加重腐霉枯萎病的病情。良好的通风也有助于防治该病；合理洒水，要求土壤见湿见干，无论采用何种灌溉方式，要多量少次灌水，降低草坪小气候相对湿度。灌水时间最好在清晨或午后。感病时，任何情况下都要避免傍晚和夜间灌水；加强草坪管理，及时清除枯草层，高温季节有露水时不修剪，以避免病菌传播。

② 平衡施肥，少施氮肥，适当增施磷肥和有机肥。氮肥过多会造成徒长而加重腐霉枯萎病的病情。

③ 种植耐病品种，提倡不同草种混播或不同品种混合种植。

④ 药剂防治　用0.2%灭霉灵或杀毒矾药剂拌种是防治烂种和幼苗猝倒的有效方法；高温高湿季节可选择800～1000倍甲霜灵、乙磷铝、杀毒矾和甲霜灵锰锌等药剂，进行及时防治控制病害。为防止耐药性的产生，提倡药剂的混配使用或交替使用。

（3）夏季斑枯病　夏季斑枯病是一种根部病害，凡能促进根生长的措施都可减轻病害的发生。避免低修剪（一般不低于5厘米），

特别是在高温时期。最好使用缓释氮肥，如含有硫黄包衣的尿素或硫铵。多量少次灌水。打孔、梳草、通风、改善排水条件、减轻土壤紧实等均有利于控制病害发展。选用抗病草种（品种）混播或混合种植，改造发病区是防治夏季斑枯病的最有效而经济的方法之一。多年生黑麦草与高羊茅较为抗病。药剂防治用0.2%～0.3%的灭霉灵、杀毒矾、甲基托布津等药剂拌种，用500～1000（或根据具体药剂的说明）灭霉灵、杀毒矾、代森锰锌等药剂喷雾，对夏季斑枯病均可取得较好的防治效果。防治的关键时期，应基于以预防为目的的春末和夏初土壤温度定在18～20℃时使用药剂。

（4）镰刀霉枯萎病　种植抗病、耐病草种或品种。草种间的抗病性差异明显，如：剪股颖>草地早熟禾>羊茅。提倡草地早熟禾与羊茅、黑麦草等混播。用0.2%～0.3%灭霉灵、绿亨一号、代森锰锌、甲基托布津等药剂拌种。在发生根茎腐烂始期，可施用多菌灵、甲基托布津等内吸杀菌剂。重施秋肥，轻施春肥。适量增施有机肥和磷、钾肥，少施氮肥。减少灌溉次数，按制灌水量以保证草坪不干旱也不过湿。斜坡需补充灌溉。及时清理枯草层，使其厚度不超过2厘米。感病草坪修剪高度不应低于4厘米。保持土壤pH值在6～7。

（5）币斑病　轻施常施氮肥，使土壤维持一定的氮肥水平，是最好的防病方法。多量少次灌水，不在傍晚浇水。高尔夫球场草坪可用竹竿或软管“去除露水”来防止币斑病。不要频繁修剪或修剪高度过低。保持草坪的通风透光。目前匍匐剪股颖、早熟禾还没有较好的抗病品种，但已知草种中的有些品种容易感病，如早熟禾；紫羊茅；多年生黑麦草；结缕草。适时喷洒800～1000倍液的百菌清、粉锈宁、丙环唑等药剂。

（6）德式霉叶枯病　选用抗病和耐病的无病种子，提倡混播或混合播种。适时播种，适度覆土，加强苗期管理以减少幼芽和幼苗发病。合理使用氮肥，特别避免在早春和仲夏过量使用，增施磷、钾肥。浇水应在早晨进行，特别不要傍晚灌水。多量少次灌水，避免草坪积水。及时修剪，保持植株适宜高度。如绿地草坪最低的高度应为5～6厘米。及时清除病株残体和修剪的残叶，经常清理枯草层。播种时用种子重量0.2%～0.3%的25%三唑酮可湿性粉剂或50%福美双可湿性粉剂拌种。草坪发病初期用25%敌力脱乳油、25%三唑酮可湿性粉剂、70%代森锰锌可湿性粉剂、50%福美双可湿性粉剂、12.5%速保利可湿性粉剂等药剂喷雾。喷药量和喷药次数可依草种、草高、植株密度以及发病情况不同而定。

(7) 黑粉病 种植抗病草种和品种，更新或混合种植改良型草地早熟禾品种能有效地控制病害。播种无病种子，使用无病草皮卷或无性繁殖材料建植草坪。适期播种，避免深播，缩短出苗期。用0.1%～0.3%三唑酮、三唑醇、立可锈等药剂进行拌种。对于叶黑粉病，在发病初期，用三唑类的粉锈宁等药剂喷雾。

(8) 白粉病 种植抗病草种和品种并合理布局是防治白粉病的重要措施。品种抗病性根据反应型鉴定：免疫品种不发病，高抗品种叶上仅产生枯死斑或者产生直径小于1毫米的病斑，菌丝层稀薄，中抗品种病斑也较小，产孢量较少。粗茎早熟禾、多年生黑麦草和早熟禾及草地早熟禾两个品种比较抗病。降低种植密度，适时修剪，注意通风透光；少施氮肥，增施磷钾肥；合理灌水，不要过湿过干。药剂品种及施药方法，可参照锈病。此外，还可选用25%多菌灵可湿性粉剂500倍液，70%甲基托布津可湿性粉剂1000～1500倍液，50%退菌特可湿性粉剂1000倍液喷雾。

(9) 炭疽病 加强科学的养护管理，适当、均衡施肥，避免在高温或干旱期间使用过量氮肥，增施磷、钾肥；避免在午后或晚上浇水，多量少次灌水；避免造成逆境条件，保持土壤疏松；适时修

剪，及时清除枯草层；种植抗病草种和品种。发病初期，及时喷洒杀菌剂控制病情。百菌清、乙磷铝500～800倍液喷雾，防治效果较好。

（10）红丝病 加强科学的养护管理，保持土壤肥力充足且平衡、增施氮肥有益于减轻病害的严重度，但应避免过量；土壤的pH值，一放应保持在6.5～7.0；及时浇水以防止草坪上出现干旱胁迫，多量少次浇水，时间应在上午，避免午后浇水。草坪周围的树木和灌木丛，或设计风景点时要精心布局，增加草坪光照和空气对流。适当修剪，及时收集剪下的碎叶集中处理，以减少菌量。种植抗病草种和品种。在科学养护管理的基础上，进行必要的化学防治。发病初期可用代森锰锌、福美双等药剂喷雾。

（11）霜霉病 确保良好的排水条件，保证灌溉或降雨后能及时排除草坪表面过多的水分。合理施肥，避免偏施氮肥，增施磷钾肥。发现病株及时拔除。药剂防治用0.2%～0.3%瑞毒霉、乙磷铝、杀毒矾等药剂拌种或用其1500～2000倍液喷雾，都可取得较好的防治效果。

（12）钝叶草衰退病 种植钝叶草抗病品种或与其他品种混合播种。治虫防病是防治虫传病毒病的有效措施，通过治虫来达到防病的作用。避免干旱胁迫，平衡施肥，防治豆菌病害等措施均有利于减少病毒危害。化学防治试用抗病毒诱导剂N3-83等。

（13）病毒病 种植抗病草种和品种，混播或混合播种。治虫防病是防治虫传病毒病的有效措施，通过治虫来达到防病的作用，灌水可以减轻线虫传播的病毒病害。加强草坪管理能有效地减轻病害。避免干旱胁迫、平衡。化学防治目前没有直接防治病毒病的化学药剂，但可试用抗病毒诱导剂N3-83等。

（14）细菌性萎蔫病 种植抗病品种并采取多品种混合播种是防治细菌萎蔫病害的有效措施。匍匐剪股颖品种和狗牙根品种易感染此病。精心管理，合理施肥，注意排水，适度剪草，避免频繁表面覆沙等措施都可减轻病害。药剂防治，抗生素（如土霉察、饺霹京等）对细菌性萎蔫病有一定的防治效果。要求高浓度，大剂量，一般有效期可维持 4～6 周，但价格昂贵，只能在高尔夫球场作为发病时的急救措施，而真正解决问题的办法还是补种抗病品种。

第5章

几种常见园林草坪的建植与养护

任务提出

根据草坪草选择标准，结合几种常见园林草坪的特点，选择适合的草坪草；根据不同草坪特性选择适宜的草种配比。

任务分析

在园林草坪中，几乎所有草地都伴随着较高的观赏性或者高强度、高频度地踩踏草坪，而一般要求在使用之后立即恢复常态或者始终保持较好的观赏性。所以，对草坪的共同要求是：必须具有很强的生活力，生长速度快，根系发达，耐践踏，耐修剪，再生性好，覆盖性强，观赏期长，观赏效果好。

5.1 运动场草坪

在草坪上开展的球类运动有高尔夫球、足球、橄榄球、网球、马球、藤球等。由于运动场草坪柔软舒适，干净卫生，环境优美，不仅可以提高球类运动的质量，防止和减少运动员受伤，而且也为观众提供了一个良好的休息娱乐场所。现常见的草坪运动场有：高尔夫球场、足球场、网球场、棒球场和垒球场。

高尔夫球运动是一项在风景优美的高尔夫球场上竞赛的运功项目。高尔夫球场草坪是所有球类运动场草坪中规模最大、管理最精细、艺术品位最高的草坪。因为它的使用者和拥有者都是社会名流，因而投入的人力和物力最多，草坪的设计规划、草坪的选育、养护管理技术也代表草坪科学的前沿。

足球是世界第一大体育运动，由于足球运动的普及性和商业性的日益提高，对足球场草坪的建植和养护要求也愈来愈高。足球场草坪要满足足球运动对场地的技术要求（如草坪的刚性、弹性、摩擦力等），要有良好的生态适应性（包括对环境和使用强度的耐受能力），还要满足观众情趣（如草坪草的质感和色泽）。

网球运动被视为高雅运动，需要的场地面积有限，参与运动的人数可多可少，是一项很容易普及的球类运功。随着网球运动的普及与发展，草地网球场草坪的建植和管理要求愈来愈高。网球场草坪既要求反弹力好，平整光滑，质地优美，又要求有一定的粗糙度，防止运动员滑倒受伤。另外，网球场使用频率高，践踏损伤重，草坪草的养护难度最大。

棒球场和垒球场草坪主要起绿化美化的作用，对运动员活动和球的冲击无影响，因此棒球场草坪的建植和管理要求同一般绿地草坪相似。

5.1.1 运动场草坪草种选择

根据运动场的功能不一和在草地上的运动不同，对运动场草坪

草种的选择上有所不同。

对于运动场草坪来讲，可供选择的草坪草种并不多，常见的冷季型草坪草有草地早熟禾、高羊茅、多年生黑麦草、紫羊茅和匍匐剪股颖等；暖季型草坪草有狗牙根、结缕草、假俭草和地毯草等。每一种草坪草都有其特有的植物学特性和生态学特性，进而也就决定了其特有的使用特性，下面介绍几种常见运动场草坪草的特性。

草地早熟禾是寒温带地区各类运动场草坪的理想选择。草地早熟禾又有良好的耐磨损性，可以提供适宜的摩擦力，恢复能力和抗虫性较强，在不同水平的养护管理条件下，依然表现良好。强壮的根状茎是草地早熟禾作为运动场草坪草具有的最显著特点，它可以产生致密的草皮，保护草坪草根茎免受损伤。此外，根状茎的快速伸展蔓延，可以使受损草皮迅速得到恢复。与其他冷季型草坪草相比，成坪慢是其最大的不足，至少需要180天的成坪时间，方可投入使用。建植草坪时，选择草地早熟禾和多年生黑麦草混播，混播比例一般为7∶3或8∶2。这种混播组合成坪快，耐践踏性强。

多年生黑麦草在非极端温度条件下，是一种非常优异的运动场草坪草，它不仅具有极强的耐践踏性和抗病虫害能力，同时还具有极其发达的根系，使得多年生黑麦草草坪与土壤紧实性强，在激烈的比赛中其草皮也不易被鞋钉揭起。多年生黑麦草是冷季型草坪草中成坪最快的草种，从播种到投入使用只需要90天。如果球场急需建成草坪，多年生黑麦草无疑是最佳选择。多年生黑麦草为非匍匐的丛生型草坪草，恢复慢，不能形成致密的草皮，这是它最大的不足。由于其不耐极端温度，且没有草垫层的保护，因而在冬季易受冻害。

高羊茅质地较粗糙，不耐低修剪，因此在高质量运动场草坪的建植中很少使用。但随着育种技术的发展，高羊茅的这些不足已得到改进。高羊茅是冷季型草坪草中抗热性和抗旱性最好的草种，同时耐践踏性也极强，但高羊茅对土坡紧实较为敏感，在使用强度较大时，往往表现不好。因此，在气温相对较高、使用强度不大或灌溉条件不好的地方，高羊茅是一种不错的选择。高羊茅和草地早熟禾混播也是常见的一种选择，通常以高羊茅为建群种，草地早熟禾的比例（重量比）少于10%。

狗牙根是暖季型草坪草中生长最快、建坪最快的草坪草，恢复能力强，极耐践踏。由于生长速度快，狗牙根草坪极易形成枯草层，所以养护管理中，通气打孔和表施土壤是必不可少的措施。狗牙根草坪如果选择种子建植，一般多选择脱壳种子，未脱壳种子发芽慢，而且出苗期需要特殊的管理和养护。在适宜的气候条件下，狗牙根草坪2～3周即可进行第一次修剪，2个月后即可投入使用。狗牙根草坪最大的不足就是耐阴性差，如果运动场遮阴较为严重，可考虑其他选择。

结缕草的耐磨损性强，抗病虫害能力强，弹性好，对水肥的要求不高，非常适宜作运动场草坪，而且对低温的抗性是暖季型草坪草中最强的。结缕草尽管也具有发达的匍匐茎和根状茎，但是其生长速度较慢，损伤后恢复能力较差。因此，如果使用强度较大，一般不选择结缕草。

(1) 足球场草坪对草质的要求

① 耐践踏性强　凡是质地粗糙、直立性强的草均有较强的耐磨性。用高尔夫球场在草坪上通过15次的试验表明，狗牙根、结缕草和高羊茅都是耐磨性良好的草种。草地早熟禾、多年生黑麦草、匍匐剪股颖和紫羊茅的耐磨性中等，细叶剪股颖的耐磨性最差。

不少人认为草坪草的耐磨性与植株体内的纤维素含量成正相关。也有试验证明，草坪草的木质素和纤维含量与耐磨性关系不显著。

② 抗逆性强　所选草种和品种要完全适应当地的气候和土壤。要根据引种试验结果来精选草坪草种。未经适应性观察或生产中应用过的草种要慎用。

③ 草色均一鲜艳　足球场草坪的草色因人的喜爱不同，可以是深绿色也可以是浅草绿色。为了草坪造型需要应选两种颜色反差较大的品种进行单播。冷季型草一般采用混播，选用70%的高羊茅＋20%的早熟禾＋10%的多年生黑麦草；或80%的高羊茅＋20%的早熟禾进

行播种。先播早熟禾，再播高羊茅，分纵横两个方向撒播。

暖季型草坪在我国大部分地方难以保证四季常绿的效果，因此草坪的补播就显得非常重要，如在结缕草草坪上秋季补播黑麦草。但在补播之前必须把原先草坪剪至2.0～2.5厘米高度，条件具备时还需用打孔机打孔，且补播后立即灌水、施肥。有时为了草坪造型的需要应选择两种反差较大的品种进行单播。

在热带和亚热带多雨地区，足球场草坪可选用狗牙根、纫叶结缕草、杂交结缕草和地毯草，在温带半干旱地区多用高羊茅的纫叶品种和草地早熟禾中的抗病性品种。

(2) 网球场草坪对草质的要求　作为网球运动场的草坪应具备以下特性：植株生长矮，即生长点低；耐践踏性强，再生力强；叶片纤细，整齐均一，外形美观，质地好，致密；青绿期长，一般全年青绿期要在270天以上；适应当地气候、土壤；抗病虫害能力强；耐频繁修剪，耐低修剪；弹性好，受外力后，能很快恢复原状，叶片水分含量较低，不褪色，不着色。一般用在北半球凉爽潮湿和半潮湿气候地区的草坪草种主要是匍匐剪股颖及其经过改良的品种，以及少量的匍匐紫羊茅。在南半球，建植草地网球场的主要草种依地理位置和气候的不同而为剪股颖或狗牙根。

(3) 高尔夫球运动场草坪对草质的要求　判断高尔夫球场草坪优劣主要看果岭的草坪，因为运动员多数活动和击球都是在果岭中进行的。优质的果岭草坪应具备光滑、水平的击球表面，致密的草坪覆盖以及均匀一致的外观。在我国北方以及温带相对凉爽的地区常用匍匐剪股颖作为果岭的草坪草种。而狗牙根则用于热带、温带和亚热带地区。这些草坪草种具有许多好的外观特性，它们能够满足果岭的低修剪要求。

(4) 赛马场草坪对草质的要求　建植赛马场草坪，要求草坪草的根系扩展能力极强，能够使草坪与土壤互相紧密结合，以抵抗高强度的践踏，并且能从损伤中迅速地恢复过来，同时能够在冬季生长良好。符合上述标准的冷季型草坪草包括多年生黑麦草、草坪型

高羊茅和草地早熟禾。暖季型草坪草包括狗牙根和狼尾草。位于过渡气候带的赛马场，以冷季型草坪中的草地早熟禾或多年生黑麦草为主，也可以在其中适当栽植狼尾草。在气候温暖的地区，跑道可以种植狼尾草，然后交播多年生黑麦草，以使草坪冬季仍能呈现出宜人的绿色，在气候较温暖地区，如单纯种植狼尾草，可以节省大量的灌溉水，若与黑麦草混播更佳，因为黑麦草根系深而发达，可以形成力度更为强大的草皮，使草坪耐践踏。

（5）草地保龄球场草坪对草质的要求　草地保龄球场中的草坪草必须有耐低修剪、耐强度修剪、耐磨损和叶子质地纤细的至多：在冷凉地区草地保龄球场选用的草坪草常为剪股颖，其中最常用的是匍匐剪股颖及少量的匍匐紫羊茅；在过渡地带和温带则用狗牙根及杂交狗牙根变种。

（6）棒球和垒球场草坪对草质的要求　棒球场和垒球场草坪所选用的草坪草必须具备极强的耐践踏性和持久性，并能在低的修剪高度下良好地生长。我国北方凉爽的地区，可以选择草地早熟禾、黑麦草和匍匐紫羊茅来建植棒球场。在我国南方温暖潮湿和温暖半潮湿地区，杂交狗牙根很适宜建植棒球场。

（7）曲棍球场草坪对草质的要求　曲棍球场草坪要求草种除了对当地气候和土壤适应外，应注重草种耐低刈修剪和耐磨耐践踏性。曲棍球场草坪草的修剪高度保持在0.5～1.0厘米，因此生长期内修剪频繁。高度低于1.0厘米，必须有匍匐生长的习性，生长点接近地表或地表以下，叶片精细短小、再生能力强。热带和亚热带湿润地区，可用狗牙根、杂交狗牙根、野牛草、地毯草、细叶结缕草等；温带湿润和半湿润地区常用匍匐剪股颖、杂交结缕草和草地早熟禾；温带和寒温带半干旱地区可用早熟禾、匍匐紫羊茅、匍匐剪股颖、细叶剪股颖等。

5.1.2　运动场草坪的建植与养护管理

运动场草坪除了具有一般绿地草坪的特征外，还具有为适应运

动的要求而产生的一些特点，主要包括具有较强的忍受外来冲击、拉张、践踏的能力；表面具有一定的光滑度；具有良好的弹性和回弹性，草坪草茎、枝、叶的机械组织发达，抗压耐磨的能力良好；生长迅速，植株分蘖力或扩展性强，具有很好的自我修复能力。因此，对草坪草种、坪床床基、床土、排灌系统以及管理有更高的要求。

草坪建植技术是一项由多学科构成的综合技术。它的发展与各学科基础研究的进步密切相关。20世纪80年代前我国的草坪建植技术较为单一，多为移栽建植草坪。目前已经发展为种子直播、液压喷播、植生带种植、铺草皮卷等多种建植技术。运动场草坪以高尔夫球场草坪、足球场草坪最具代表性。

(1) 运动场草坪的坪床结构　运动场草坪坪床结构按照建造过程可以划分为三大类：天然型、半天然型和人造型。半天然型和人造型两类场地需要进行设计，内容包括坪床的排水能力、水分和养分的供给能力、稳定性和造价等方面。

① 天然型　天然型是指坪床没有经过任何工程措施改造的天然土壤。最理想的天然型坪床结构应该是表土肥沃、基层透水性能良好的土壤。土壤结构以沙或砾石之上有一层250毫米左右的沙壤土为最好，这样可以大大节约场地建造成本。但这种天然坪床在城市中很少。天然型坪床，最重要的是在施工过程当中一定要注意保持土壤原有的结构，施工要用适当的机械在土壤干燥的情况下进行。如果在不适宜的气候条件下用不适当的机械施工，原有的土壤结构将遭到破坏，场地将来很可能会出现严重问题。

② 半天然型　这类场地土壤或基层排水或多或少存在一些问题，需要采用一些工程措施改良，方能达到草坪生长和场地使用质量的要求。根据改良措施的不同，可将半天然型场地分为以下三类。

a. 盲管排水型　这种类型的场地表层土壤结构尚可，但考虑到场地的使用频率和强度都很高，场地仅靠自然排水很难使场地积

水及时排走，影响场地的使用和草坪的生长。通过在坪床中设置盲管排水系统以改善场地的排水性能，但要注意的是，排水系统设计材料的选择以及管道的安装都非常关键；同时，要求种植土透水性好，水能迅速下渗到排水层中。

常见的运动场其排水系统结构具体参数是：合理的出水口，以保证盲管排出的水能及时排走；盲管间距 3～8 米，根据当地降雨量确定适当间距；盲管为直径 100 毫米的带孔 PVC 管或开缝波纹管，埋深 600 毫米；管道坡降 0.5%～1%，确保排水顺畅；盲沟中回填的砾石要求洁净、坚硬。

如果施工达不到以上要求，排水系统有可能失败或者其排水效率大大下降。常见的情况有使用易破碎的石灰岩风化石回填盲沟，在砾石层与种植层之间缺少过渡层，过渡层沙石级配不合理，从而导致砾石层进水性差，或细小的土壤颗粒累积，淤塞盲沟及盲管，使排水系统最终丧失功能。随着场地的使用，盲管排水型结构坪床种植层土壤层逐渐变得紧实，致使排水不畅，此时可通过每年逐步覆沙来改善坪床的透水性。由于沙的粒径大小对种植层的排水性能与保水性能影响很大，一般选择粒径在 0.125～0.50 毫米的中细沙为佳。

b. 盲沟＋盲管排水型　当在坪床中掺沙并不能有效改善坪床的透水性时，就要考虑采用工程措施：在坪床上层设置盲沟，盲沟内全填沙或下层填砾石上层填沙，盲沟从表面贯通至砾石层，砾石层下设盲管排水。盲沟通常有以下三种类型。

沙＋砾石盲沟：盲沟宽 50 毫米，深 200～250 毫米，与砾石层连接，盲沟上层铺设沙，下层铺设砾石（粒径 5～8 毫米）；沙盲沟：盲沟宽 15～20 毫米，深 200～250 毫米，至下层砾石层，盲沟中回填沙。浅沙盲沟：盲沟较浅，宽度 10～15 毫米，深 75～100 毫米，填沙。

上层这种小盲沟其作用是将上层种植土和下层原有的盲沟相

连，以便形成一个上下贯通、水分移动顺畅的排水系统。以上各类型中，盲沟的间距非常关键，如间距过宽，盲沟的排水作用就十分有限，通常上层盲沟设计的间距是 0.6～1 米，而下层排水盲管的设计间距为 8～10 米。

盲沟盲管排水型结构一般在场地改造时采用。需要注意的是，盲沟的开挖时机非常重要，因为盲沟很窄，施工时容易塌陷。若土壤进入盲沟中，不仅使盲沟的排水能力受到影响，而且会破坏场地的平整度。

c. 沙层覆盖型。这种结构类型是在盲沟＋盲管排水型坪床结构上面再平铺一层 100 毫米的沙。该系统在建造高质量的新场地和改造老场地时使用。在改造场地时，需要特别注意保持场地的平整度。通常的做法是，在铺设沙层时将草皮移走，待沙层施工完成后再将草皮重新铺设。这种类型的场地投资大，但从长远看，由于场地质量高而且稳定，投资反而划算。

③ 人造型。这种类型的场地坪床完全按照设计图纸建造、所有的建造材料均来自于场外。高水平的运动场地大多数为人造型。这种场地质量最高，即使在暴雨过后马上进行比赛也没问题。最常见的人工型场地结构是利用水势原理设计，叫做持水型结构，也称为美国高协（USGA）果岭结构。另外，还有其他类型的结构，如细胞式（cell）结构等，但因施工难度大、造价高而很少采用。

(2) 运动场草坪的建植　世界杯的标准足球场大小为 68 米×105 米，边线与端线外各有 2 米宽的草坪带，在草坪带外还有 10～15 米的缓冲地带，面积约为 8000 米^2。通常的体育场都是将足球场与田径场结合建造，足球场布置在田径跑道中间。田径赛场的分路道每条的宽度为1.22～1.25 米，一般设 6～10 条跑道，总宽度为 7.32～12.5 米，跑道外侧还有 4～5 米的缓冲带，所以整个田径场和足球场的总面积为 1.9 万～2.0 米^2。设施齐备的体育场还设有观众席和防雨棚。

① 播种建植法　用种子播种建植足球场草坪是最理想的方式。但成坪时间较长，幼苗期管理技术要求较高。为了便于控制草种组成和密度，足球场草坪常用草坪草的播种量如表 5-1 所示。根据理论密度计算，每平方厘米有可发芽种子 2～3 粒便可保证全苗。随着植株分蘖增加，个体间的竞争日益加强，最后的密度稳定在 1～2 株/厘米^2 的密度范围。所以，采用适当的播种量，不但可以节省种子，而且还能使幼苗健壮。

表 5-1　足球场草坪草的单播量标准

草种	单播量/(克/米^2)	千粒重/克	播种密度/(克/厘米^2)
多年生黑麦草	40～50	1.50	2.67～3.34
草地早熟禾	20～30	0.37	5.41～8.11
高羊茅	70～80	2.51	2.79～3.18
普通狗牙根	10	0.10	10
邱氏羊茅	30	2.00	1.50
匍匐剪股颖	10	0.10	10

为使种子均匀分布，目前已使用手摇撒播器、手推撒播器、谷物播种机和喷播机。播种后一定要覆土镇压，用圆形或钉齿滚筒镇压都十分有效。必要时还覆盖草席或遮阳网等。

② 种苗栽植法　用匍匐茎繁殖建植新草坪的方法有穴栽、条植和铺植三种形式。

a. 穴栽法　根据种植数量和坪床质量决定栽植密度，通常密度大成坪快，密度过小需要的成坪时间长，一般用（10 厘米×10 厘米)～(20 厘米×20 厘米）的株行距开穴。为使栽植后种苗生长整齐，可用播种机在坪床进行交叉划行，在十字线处栽苗。若人工锄头开穴，也要先用划线器在坪床上划出十字线，在十字线处开穴。每穴栽入截短的匍匐枝 2～3 根，培土固定。最后滚压和喷水

保湿。

b. 条植法　将苗栽植在沟中。匍匐茎发达的草坪草可撕成长条，埋入成行的沟中。人工条植时常是单行栽植，即开沟一条，投入种苗稍固定后，再开第二行的沟，使挖出的土填入第一行的沟中，以后依次条植。为提高条植工作效率也可用谷物播种机，使开沟器调到最大深度，种苗投入犁沟后再人工覆土，最后按压和喷水保湿。

c. 铺植法　将在种苗圃中培育好的草皮直接铺植在坪床上。草皮用起草皮机切成宽 25 厘米、长 20 米的草皮卷，打捆包装后运到施工现场。为使草皮的新生根与坪床生长牢固，草皮不能切得太厚。一般不能超过 5 厘米厚，过厚的草皮不易生长牢固。因为草坪草根系的深度与地上部分的高度是成正比的，即草越高则根越深。足球场草坪草的高度通常为 3～5 厘米，完整的根系深度为 10～15 厘米。在铺砌草皮时要留足一定的缝隙，缝隙越大，新生长的草根越多越深。因此，铺砌草皮后要允许一定的生长期使根系充分发育。

③ 植生带铺法　草坪植生带是用再生根经一系列工艺加工制成有一定拉力、透水性良好、极薄的无纺布，并选择适当的草种、肥料按一定的数量、比例通过机器撒在无纺布上，在上面覆盖一层无纺布，经熟合滚压成卷制成。然后在经过整理的地面上铺满草坪植生带，覆盖 1 厘米筛过的生土或河沙，早晚各喷水一次，一般 10～15 天可发芽，1～2 个月可形成草坪。成草迅速，无杂草，覆盖率可达 100%。

(3) 建植初期管理养护　建植后的新草坪需要 4～6 周的特殊养护。在此期间，新草坪需频繁浇水以促进根系活跃生长与穿透，最好保护土壤湿润直到幼苗达到 2.5 厘米后逐渐减少浇水次数，但应注意避免给草坪造成干旱胁迫，以免会延迟成坪期。当采用匍匐枝植或铺草皮时，在起初 5～7 天，当新根开始长出时，应保持土壤湿润。随着匍匐枝、草皮的逐渐建成，要逐渐减少用水量，使土壤经受有规律的干湿变化，以刺激根系的向下生长。一旦暖季型草的匍匐枝长出新根，相对来说不易怕死之时，表面的干燥、受热会刺激匍匐茎的生长，加快建植速度。在这段时期，需供给幼苗充足的肥料以满足生长的需要，以利于生长健壮的草坪的形成。当草出现第二真叶时，需定期施氮肥和钾肥。在新草坪首次修剪之前进行轻度镇压，通过轻微地伤害草的生长点而促进分蘖与侧向生长，同时还可提高表面稳定性。当用种子直播建坪的冷季型草坪草达到7.5厘米，匍匐枝栽植的暖季型草坪草达到2.5厘米时，就可进行首次修剪。对用草皮铺植草坪而言，一旦它能经受剪草机的操作而不被拔起时就可修剪。铺植草皮的修剪高度应保持在草坪移植前草坪的正常剪草高度。在开始3个月期间当草坪草较幼嫩，对化学伤害较敏感时尽量不要施除草剂。若种床准备较差、杂草种群较多，那么，即使草尚幼嫩也需要喷施药物。阔叶杂草除草剂应尽量推迟使用，因为它们会影响草坪草的新生根生长，在建植草坪后的6个月内，对新建草坪尽量少使用。

5.2 游憩草坪建植与养护

游憩草坪是能供人散步、休息、游戏及简单户外活动的草坪，也称休息性质草坪。这种草坪的建植要求除了外观平整、美观外，还应有耐践踏和较强的恢复能力，草坪内可种植孤赏树木，点缀石景，草坪边缘配花木、花带图案等。这类草坪在绿地中没有固定形状，面积大小不等、管理粗放，多布置在公园，其次在植物园、动物园、名胜古迹园、游乐园、风景疗养度假区内，是目前种植面积较大的一类草坪。

5.2.1 草种选择

草坪草应同时满足游憩草坪景观效果和功能性的双重要求，选

择草种时，一方面要依据草坪草生存的生态环境条件，选择适宜该环境条件下生长的草种，另一方面要考虑所选的草种能够满足游憩草坪功能的需要。游憩草坪主要是供人们游玩休息的，对草坪草种选择的要求是：耐践踏和耐修剪，耐粗放管理，繁殖力强，生长迅速，受伤后易恢复，抗病力强，耐干旱，耐土壤贫瘠，适应性强；绿期较长，植株低矮，覆盖力强，形成草坪快；质地纤细，叶窄密集，茎叶细长。在北方地区可选用高羊茅、草地早熟禾、紫羊茅和多年生黑麦草，按适宜的比例混播。南方地区可选用细叶结缕草、钝叶草、狗牙根等。

（1）游憩草坪草种类　根据游憩草坪草选择标准，用于游园草坪的草种主要有剪股颖属、羊茅属、早熟禾属、结缕草属及黑麦草属。羊胡子草不耐践踏，在游人较少处也可以应用。

① 剪股颖属　代表草种有细叶剪股颖、绒毛剪股颖、匍匐剪股颖和小糠草等；该类草具有匍匐茎或根茎，扩散迅速，形成草皮性能好，耐践踏，草质纤细致密，叶量大，适应于弱酸性、湿润土壤。可建成高质量草坪。

② 羊茅属　代表种有细叶紫羊茅、匍匐紫羊茅、羊茅、细叶茅和高羊茅等。其共同特点是抗逆性极强，对酸、碱、瘠薄、干旱土壤和寒冷、炎热的气候及大气污染等具有很强的抗性。细叶紫羊茅、匍匐紫羊茅、羊茅、细叶茅均为纫叶低矮型，高羊茅为高大宽叶型。羊茅类草坪草可以用作游憩草坪混播中的伴生种。

③ 早熟禾属　代表种是草地早熟禾、普通早熟禾、林地早熟禾等。根茎发达，形成草皮的能力极强，耐践踏，草质细密、低矮、平整，草皮弹性好，叶色艳绿，绿期长；抗逆性相对较弱，对水、肥、土壤质地要求严。这类草坪草种是北方建植游憩草坪的主要草种，尤其是草地早熟禾的许多品种。

④ 结缕草属　代表草种为结缕草、大穗结缕草、中华结缕草、马尼拉结缕草、细叶结缕草。结缕草具有耐干旱、耐践踏、耐瘠

薄、抗病虫等许多优良特性，并具有一定的韧度和弹性。是优良的游憩草坪植物。

⑤ 黑麦草属　代表草种为多年生黑麦草、洋狗尾草、梯牧草。多年生黑麦草种子发芽率高、出苗速度快、生长茂盛，叶色深绿、发亮，但需要高水肥条件，坪用寿命短，一般主要用作游强草坪混播方案中的保护草种。

(2) 游憩草坪草配比　草坪可以采用单播，也可以采用两种以上草种混播。混播可以适应差异较大的环境条件，加快成坪速度；混播可以使生活期短的草种为生长缓慢的优良草种提供遮阴或抑制杂草、延长绿期和寿命等作用。

混播草坪应包含主要草种和保护草种。保护草种一般是发芽迅速的临时草坪草种，其作用是为生长缓慢的主要草种遮阴及抑制杂草，使主要草种（永久性草种）形成稳定的草坪。较好的保护草种有多年生黑麦草、紫羊茅等，其使用比例不应超过25%，多年生黑麦草几年后慢慢地自然消失。主要草种也可以有几个品种，可以预防病害的迅速蔓延、减少全局的损害。

游憩草坪一般采用几种以上混播的草坪草，并配成一定的比例播种。大多用70%粗叶草和20%～30%的细叶草混合栽植。常用草种配方如下：多年生黑麦草（20%）＋草地早熟禾（80%）；狗牙根、地毯草或结缕草单播，也可加入多年生黑麦草（10%）作为保护草种。

践踏频繁的草地可以来用多个配方：狗牙根（70%）＋地毯草或结缕草（20%）＋多年生黑麦草（10%）；黑麦草（80%）＋普通早熟禾（20%）；高羊茅（50%）＋草地早熟禾（50%）；草地早熟禾（70%）＋多年生黑麦草（20%）＋紫羊茅（10%）；草地早熟禾（50%）＋紫羊茅（35%）＋多年生黑麦草（15%）；高羊茅（80%）＋草地早熟禾（20%）等。

阴地草坪可以选择多年生黑麦草（50%）＋普通早熟禾

(50%)。

游憩草坪的混播除了上述配方外，若同一个草种内的不同品种各有特殊的优点或所施工的草坪小环境变化多样时，可以用混合品种，弥补单一品种的缺陷。各品种比例根据具体情况而定。

草坪草混播草种的选择，应注意以下的问题：一是所选的草种品种在外观上应该是相似的；二是混播草种的品种中，至少有一个品种在当地条件下有较好的适应性，并有一定的抗病性。

5.2.2　游憩草坪建植与养护

游憩草坪营造了一个清新、凉爽、舒适、优美的环境，供游人坐卧赏玩，是游人喜爱的休息、娱乐场地。它不仅为城市园林绿化增添色彩，而且还可以减少尘土、增加湿度、调节气温、降低噪声、缓和阳光辐射、保护人们的视力，具有较高的生态价值。

(1) 游憩草坪建植的特点

① 应用范围广，观赏价值高　草坪草选择难度大。游憩草坪是草坪在园林应用的重要形式之一，其应用范围非常广。在综合公园中的儿童活动区、体育活动区以及游览休息区应结合地势设计布置游憩草坪，为游人提供游览、休憩、文化娱乐的场所；在植物园、动物园、名胜古迹园、游乐园、风景疗养度假区，以及机关、学校、医院等也有应用。

不同区域因人流量大小以及踩踏强度不同而对游憩草坪质量要求不同，因而对草坪草的要求也有所不同。应根据游憩草坪的实际功能，并结合游人流动数量以及活动、娱乐类型（即踩踏强度）选择适宜的草坪草，可建植单一草坪，也可建植混播草坪。因为要兼顾观赏价值和耐践踏的双重要求，而且要考虑具体功能，所以草坪草选择的难度大。一般要考虑草坪草成坪后的草坪质地、草坪草对外力的抗逆性、草坪草的感病性、草坪草芜枝层产生的能力以及草坪草的建植速度等方面的内容。

② 施工相对简单，场地整理质量要求高　游憩草坪一般以自然式为主，充分利用原有地形、植物进行设计。土壤营养条件也比较好，不必单独覆盖有肥力的营养土层；地形坡度一般较小，有利于草坪草的生长，便于草坪建植，施工难度相对较低。

游憩草坪在允许游人进入的同时，要求有较高的园林观赏价值，这就对游憩草坪的质量提出了较高的要求：场地整理标准更高，要求将草坪床面以下不小于40厘米之内的杂物（包括草根、树根、砾石等）都要清理干净，而且建坪前要充分调查场地条件和测定土壤因子，制定建坪的详细实施方案，以提高建坪的质量。

③ 多利用自然地形排水，造价相对较低　灌溉系统是给土壤供应不足的水分，而排水系统则是排走土壤中多余的水分，只有两者相互配合，才能给草坪提供良好的土壤水环境。游憩草坪灌溉一般有自动喷灌和半自动喷灌两种方式，而排水一般会利用自然地形进行。

游憩草坪排水相对于运动场草坪和观赏性草坪造价要低，在考虑排水系统时主要依靠自然地形排水，尤其是在沙质土壤上种植草坪，完全可以利用土壤排水性能好的特点不设计专门的排水系统。但若沙土下有一层较黏的隔离层，则还需要设立排水系统。在用地表排水时，草坪地要设计一定的比降，有利于地表排水。

总体而言，游憩草坪地排水系统造价相对较低。但若有一些土壤黏重地或践踏强烈的草坪地要设计一些沟槽地面排水系统。这种沟槽可以挖成宽6厘米、深25～37.5厘米的槽沟。沟间距离60厘米，并与地下排水沟垂直。

④ 功能不同，管理水平要求不同　游憩草坪虽然有一定的耐践踏能力，但也不能使用过度。在早春草坪还未返青前，应预先采取措施加以保护，规定使用期、保养期。定期分区轮流开放使用，应根据不同功能和人流量采取因地制宜的管理方式，在游人较多、踩踏强度较大的地区应该配备较多的管理人员，管理更加精细；对

于人流量相对较小、以观赏价值为主的草坪管理可适当减少管理人员。

(2) 游憩草坪建植方法

① 种子直播法建植草坪

a. 种子的选择 游憩草坪质量高低取决于草种种类和品质度高、含水适量、没有杂质、新鲜、发芽率高。

b. 草种的混播 游憩草坪直播法建植可采用单一草种，也可采用两种或两种以上的草种进行混播。

c. 建植新草坪的季节 最适宜播种期选择在温度与水分条件最好的和最适宜生长的季节之前，这样就可以使幼苗在萌芽后在适宜的环境条件下正常生长。另外。播种期的选择也应考虑杂草生长竞争的程度。

在较凉爽的北方地区播种冷季型草种的季节，一般在早春和夏末初秋，最适宜的播种季节是在夏末，也就是最适宜的温度是15～25℃。冷季型草种在夏末时，土壤温度高，极利于种子的发芽，在此时播种冷季型草坪草发芽迅速，此后只要水、肥和光照等条件适宜，幼苗就能旺盛地生长。而在早春或初夏播种冷季型草坪草，就增加了播种生长的幼苗在炎热、干旱的压力下死亡的可能性，并且此时的条件极有利于杂草的生长。

暖季型草种最适宜的温度在20～25℃，因此春末夏初播种暖季型草坪草较为适宜，这样可为初生的幼苗提供一个足够温度条件的生长发育环境。

d. 播种量 草坪草的播种量，取决于种子质量、种子的混合组成以及土壤状况等多方面的因素。种子播种量过小，会影响成坪速度，增加管理的难度和支出；播种量过大，会增加成本，并会促使真菌病害的发生。从理论上讲，播种后要确保在单位面积上有足够的幼苗，即在每平方米面积上一般有1万～2万株幼苗。

e. 播种 草坪用种子的颗粒都很小，因此要注意控制播种深

度。一般种子的体积越小，播种的深度就应该越浅。为确保草籽撒播的均一性，可将计划建坪场地分成若干等同面积的块或条，按规定播种量把种子按比例分开，分别进行播种；也可将草坪所需的播种量的一半按照南北方向均匀撒播，另一半按东西方向均匀撒播。

播种后应及时覆土，或用钉耙轻轻地把种子耙到土中，应小心地只沿着一个方向耙，以防止将种子耙到畦中间。覆土后用镇压器轻轻地镇压，以保证土壤紧密接触。

f. 覆盖　用特定的覆盖材料（例如稻草、无纺布、塑料薄膜）覆盖坪床，减少风、水对种子的吹冲侵蚀，为种子萌发及生长发育提供适宜的小环境。覆盖坪床面不能盖得太厚、太密，应保留一定的缝隙，以免妨碍幼苗对光线的吸收。当幼苗基本出齐时，应及时撤去覆盖物，以免捂伤幼苗，影响幼苗生长发育。撤去覆盖物的时间一定要在阴天或晴天的傍晚，切忌在烈日下进行。撤去覆盖物后，要均匀适度地喷水。

g. 草坪管理　当幼苗开始生长和发育时，就应开始进行草坪的养护管理，主要内容是灌水、去除杂草、修剪、表施追肥和病虫害防治。

② 营养繁殖法建植草坪　用种子繁殖方法建植草坪的造价低，但成坪速度慢。而采用营养繁殖方法，如铺草坪、分株栽植、嫩枝繁殖等，虽然成本高，但成坪的时间短。如铺草皮块建坪法，铺装后即可成坪。营养繁殖方法包括以下几种方法。

a. 密铺法　先将建坪的土壤翻耕整平，并保持土壤的湿润。将在苗圃地培育成的草坪草切成长、宽各为30厘米、厚为2～3厘米的草皮块，带根铲起，用30厘米×30厘米的胶合板制成托板，装车运到铺草地块。铺装时，草皮块要紧密衔接，铺完以后要用0.5～1吨重的滚筒或木夯夯紧夯实，使草皮与土壤紧密接触，无空隙，这样可以免受干旱的影响，草皮也容易成活和生长。草皮铺好夯实后，要立即进行均匀湿度的灌溉，固定草皮并促进根系生新

根的生长。如果草坪地面有低凹面，就可以覆以松土使之平整。

b. 间铺法　为节省草皮材料可用间铺法，即用长方形草皮块按铺块式或梅花式的形式，各块相间排列，组成较为美观的图案。间铺草皮处挖低一些，使铺下的草皮与四周土面相平。草皮铺完后予以滚压和灌水，草皮块开始生长后，匍匐茎向四周蔓延生长直至相互结合。

c. 条铺法　铺植方法与间铺法类似，将草皮切成 6～12 厘米的长条，草皮长条平行铺植，两条的间距为 20～30 厘米，半年后可以结合。条铺法的后期管理与间铺法相同。

(3) 养护管理措施　游憩草坪建成之后，为了保持其处于良好的使用状态及延长其使用时间，必须做好草坪的养护管理。一般来讲，草坪的养护管理措施包括以下几个方面。

① 修剪　每种草坪草根据其生长特性、遗传特点、气候条件和栽培管理水平，可以确定一个特定的耐修剪高度范围（表 5-2），在这个范围之内，草坪可以获得令人满意的草坪质量。休憩草坪修剪高度可适当提高。

表 5-2　休憩草坪主要草坪草的参考修剪高度

草种	修剪高度/厘米	草种	修剪高度/厘米
高羊茅	3.8～7.6	地毯草	2.5～5.0
细羊毛	3.8～7.6	野牛草	1.8～5.0
草地早熟禾	3.8～7.6	结缕草	1.3～5.0
钝叶草	5.1～7.6	普通狗牙根	2.1～3.8
多年生黑麦草	3.8～7.6	假俭草	2.5～5.0

留茬高度一般为 5～6 厘米，遮阴下可提高到 6～8 厘米。根据不同草种的生长情况与季节确定修剪时间和次数。暖季型草坪草在 5～6 月间修剪 2～4 次，7～8 月间修剪 4～6 次，9～10 月间修剪 1～2 次，全年修剪 7～12 次。冷季型草坪草在 4～6 月间修剪 6～

10 次，7～8 月间修剪 4～6 次，9～10 月间修剪 3～4 次，全年修剪 15～20 次。此外，同一块草坪的每次修剪，应避免同一种方式进行，要防止永远在同一地点，同一方向的多次重复修剪。每次剪下的草屑，要及时运出草地，以免引起草屑覆盖草坪草，破坏草坪的外观。

② 灌溉

a. 新建草坪应及时进行人工灌水，以雾状灌水为好，以免种子被水冲走，影响发芽。

b. 草坪幼苗期的灌水深度，一般应为每次灌水能渗透土层的 3～5 厘米。

c. 随着幼苗的逐渐长大，灌水的次数可以逐渐减少，但每次的灌水量要逐渐增大，渗水深度应达到 10～15 厘米。

d. 一般应避免频繁和过量的灌溉，以免使土壤处于过湿或过饱和状态，如床面有积水和土壤过湿，要采取缓慢排除积水的措施。

e. 灌水时间一般应在早晨进行。在夏季高温季节白天最热的时候，地面高温容易烫伤草坪的幼苗，为了适当降低气温和地温，在最热的时候可以进行短暂的喷水，每次 2～3 分钟。

f. 已建成的草坪每年越冬时，为草坪能安全越冬和翌年返青，在初冬要灌封冻水。灌水深度要达到 20 厘米。早春要灌返青水，灌水深度要达到根系活动层以下。

③ 施肥　草坪草播栽以后，要尽快使草坪草保持适当的生长速度，形成致密、均一、色泽美丽的草坪。根据土壤的肥力状况和草坪草的生长状况增施一定的肥料。每 1～2 年结合培土施有机肥 1 次，有机肥用量 1～2 千克/米^2。生长季节内，每年追肥 2～3 次。冷季型草坪草宜在早春和早秋施用，暖季型草坪草可在早春、仲夏和早秋施用。每次可用尿素 10～25 克/米^2，或高含氮量的复合肥 20～25 克/米^2。施肥后浇少量水或在雨前施用。

④ 防除杂草　杂草不但危害草坪的生长，同时使草坪的品质、功能显著退化，尤其是在接触草坪中，杂草影响草坪的外观形象。

手工拔除杂草是一种古老的除草方法，对于清除游憩草坪杂草，是比较有效的方法，而且不影响草坪的美观。使用化学除草剂也能有效地防除杂草，但在游憩草坪上使用除草剂时，一定要严格掌握使用剂量，使用时要注意不要将除草剂喷洒到其他的树木、灌木、花卉上，以免使其他园林植物受到伤害，并注意人身安全。

⑤ 游憩草坪的修补　即使在正常的养护管理下，由于气候、使用等原因，也难免会发生一些危害草坪质量的情况，例如：由于过度践踏，会发生秃斑；在高温高湿的情况下，易发生病害，常造成毁灭性伤害；适时适量地喷洒杀菌剂可以把危害降至最小，但不能根除病害的发生，也常造成秃斑；践踏严重、除草剂选择不当、除草剂用量过大、人为破坏行为等都会造成秃斑，影响草坪质量。

因此，草坪修补每年至少进行一次，冷季型草坪在秋季进行修补，暖季型草坪在春末夏初进行修补。修补方法有补播种子、补植根茎、补栽草皮等。常见情况有两种：当时间不紧迫时，可以采取补播种子的办法；时间紧，立即就要见效果的情况下，可采取重铺草皮的方法快速恢复草坪。

补播时要先清除枯死的植株和枯草层，露出土壤，再将表土稍加松动，施肥耙平，然后撒播种子，使种子均匀进入土壤。补播所用的种子应与原有草坪草一致，使得修复后的草坪色泽一致，播种前采取浸种、催芽、拌肥、消毒等播前处理措施。

重铺草皮是一种成本较大的修补方法，但由于具有快速完整的优点，常被采用。重铺时，先标出受害地块，铲去受害草皮，适当松土和施肥，压实、耙平后即可铺设草皮，铺设的新草皮应与原有草坪草一致。用堆肥和沙填满草皮间空隙，并进行镇压，使草皮紧贴坪面，同时保证坪面等高，利于今后管理。

⑥ 草坪病虫害的防治　游憩草坪病虫害以防为主，综合防治。

随时观察草坪草生长情况，做好病害预测预报工作，做到早发现、早治疗。并密切注意草坪害虫情况，做好害虫的测报，发现虫害及时制定防治策略和方法，进行有效防治。

5.3 防护草坪建植与养护

防护草坪是以水土保持为目的的保护性草坪。铁路、公路、水库、河岸等的裸露坡面许多地段含有较多数量的风化岩石、砾石、沙粒等，河流堤岸的坡地因裸露遭受风雨的侵蚀，均易产生地表径流、水土流失，甚至发生坍塌和滑坡。草坪植被及其根系可以有效地保护土坡免受雨水冲刷。草地上形成的径流几乎是清流而不含任何泥土的，具有良好的防止土壤侵蚀的作用。因此，公路、铁路、飞机场等地，采用生物与工程相结合的固土方法以及栽植适宜的灌木、适宜的草坪草来保护路基堤岸，这样不仅投入少、寿命长，而且还起到绿化作用，具有经济和生态双重效益。

5.3.1 防护草坪植被选择

灌木要选择耐寒、耐旱、抗风和抗逆性好、茎叶繁茂、覆盖地面能力强，其根系发达，根易交织或呈网状，易固定土壤的种类。如紫穗槐、沙棘、荆条、小叶锦鸡儿、枸杞、胡枝子等，根蘖性强，串根自繁，形成密集茂盛的群体，起到保土、固沙、护坡的作用。

草本植物一般选择主根粗大、侧根多、生长迅速，且能抵抗杂草、能产生多量种子、成熟迅速、种子落地能自行生长，与土壤固结能力强、耐寒、耐旱、抗逆性强的草本植物。

小冠花、紫花苜蓿、草木樨、沙打旺、偃麦草、五芒雀麦、高羊茅、冰草、结缕草、野牛草、狗牙根、葛根、披碱草等，都是护坡能力较强的植物。它们都有繁茂的地上部分和发达的根状茎。

偃麦草还有较强的耐盐碱能力，在含盐量0.6%～0.8%的土

壤中仍能正常生长。因此，它是盐碱地路基斜坡上的优良护坡植物之一。

一般来讲，混播优于单播，尤其豆禾混播有两方面的作用，即土壤养分的互补作用（如红豆草＋其他禾草）和先锋种对主要种的保护作用（如小冠花＋多年生黑麦草）。在北方地区的边坡绿化中推荐6种混播组合方案（表5-3）。

表5-3　混播组合配方

组合方案	草种组合比例
1	红豆草60%＋五芒雀麦20%＋多年生黑麦草20%
2	小冠花60%＋五芒雀麦20%＋多年生黑麦草20%
3	小冠花70%＋多年生黑麦草30%
4	多年生黑麦草40%＋草地早熟禾20%＋匍匐剪股颖20%＋紫羊茅20%
5	垂穗披碱草30%＋多年生黑麦草40%＋五芒雀麦30%
6	白三叶60%＋多年生黑麦草40%

5.3.2　防护草坪建植与养护

坡面一般为不易着生植物的裸地，土壤也为非耕作地，土壤硬度高，温度、水分条件十分差，因此建坪的难度很大。为使草坪定植，首先要对坡面土壤进行改良，在坡度较大的地方要挖鱼鳞坑或水平沟，在坑或沟内栽植灌木或穴内播种草本植物。

在坡面播种时为了防大雨引起水土流失、草种被水冲失，可用沥青乳剂对坪床面进行固化处理，或加覆盖物。如草帘、秸秆、木屑、化学纤维等。在土壤中加入保水剂，以保持土壤水分。

(1) 防护草坪建植方法

① 灌木、草坪草混栽建植　采用灌木、草坪草混栽，进行固定护坡，灌木生长初期比草本植物生长缓慢，覆盖地表能力较差，其持久护坡能力好。草本植物初期就能很好地起到拦蓄斜面地表径

流，覆盖地表速度快，减免侵蚀作用好。灌木、草坪草结合，能持久地保护铁路、公路、水库、河岸等斜坡。

可供混栽配置的保土植物种类很多，如紫穗槐与野牛草混栽效果较好，可采用1行紫穗槐4行野牛草，行距20厘米，形成横向水平沟栽植。注意压实土壤，使固土植物的根系与土壤紧密结合，才能确保新栽植物成活。

野牛草生长迅速，覆盖地面严密，杂草不易侵入，且能降低蒸腾强度，改善周围环境，对紫穗槐生长非常有利。紫穗槐地下部分有根瘤，可利用空气中的游离氮增加土壤氮素，有利于野牛草的生长蔓延。紫穗槐的根系发达，当干旱时可深入土层吸收水分，野牛草有75%的根系分布在20厘米土层内。紫穗槐和野牛草都能耐盐碱，对保护盐碱地上的铁路、公路、水库等处的斜坡非常有利。此外，小叶锦鸡儿、胡枝子等灌木都可与野牛草、其他禾本科草混合栽植建植防护草坪。

② 土工网植草建植　该技术所用土工网是一种边坡防护新材料，是通过特殊工艺生产的三维立体网，不仅具有加固边坡的功能，在播种初期还起到防止冲刷、保持土壤作用，同时促进草籽发芽、幼苗生长，随着植物的进一步生长和分蘖，坡面逐渐被植被覆盖，这样植物与土工网就共同对边坡起到了长期防护和绿化的作用。目前，国内土工网植草护坡在公路、堤坝边坡防护工程中使用较多。

③ 蜂巢式网格植草建植　这项技术是在修整好的边坡坡面上拼铺正六边形混施土砖框形成蜂巢式网格后，在网格内充填种植土，再在砖框内栽种草坪草的一项边坡防护措施。其受力结构合理，能有效地分散坡面雨水径流，减缓水流速度，防止坡面冲刷，保护草坪生长。这种护坡施工简单，外观齐整，造型美观大方，具有边坡防护、绿化双重效果。

④ 喷播法建植　把草种、肥料、农药、黏合剂、保水剂、防

侵蚀剂等按一定比例加水制成喷播物料，用高压水或压缩空气向地表喷射。该混合物料有一定的稳定性，即喷射到预定坡面上后不流动，干后牢固。这种播种方法能很快地完成斜坡草坪播种，而且种子不会流失，最近几年在我国的铁路、公路、高速公路、水库等处的斜坡上得到广泛应用。此法采取的是化学和生物的结合措施来预防水土流失。

⑤ 铺草皮块法建植 将草皮切成30厘米×30厘米、厚2～3厘米（或不同规格）的草皮块，在坡度大的地方，每块草皮需用桩钉加以固定。

⑥ 草坪植生带法建植 铺设草坪植生带可防止因雨水冲刷而造成种子流失，还可减缓冲击力，并且可使水顺着纤维流入土中，起到良好的保土作用。植生带上的种子发芽和出苗迅速，很快成坪，同时用植生带法建植的草坪杂草较少。在铁路、公路等斜坡上用植生带建植草坪，一般沿等高线铺设。

⑦ 植生袋法建植 植生袋建植法是在斜坡上采用重点保土、固坡的种草方法。选用质地柔软且有网眼的植生袋，装入沙质土壤和草籽。袋中土壤含水量保持在20%左右，袋内底部放入基肥。把植生袋埋入斜坡时，应1/2露出坡面，1/2埋入土中。每个植生袋必须用木桩固定、木桩插入土中。植生袋之间的距离以50厘米为宜。

⑧ 陡壁垂直绿化法 一些黄土或岩石陡坡，坡面直立，植物难以生长，可在坡脚处施足基肥，整地后根据当地气候、土壤和坡向选择适当的藤本植物栽植，如凌霄、紫藤、爬山虎、金银花、葛藤等。

栽植完后在坡面上预埋支架，固定供植物攀缘的钢丝和绳索。加强苗期管理，促进枝蔓发育，并随时扶正、固定脱落枝条，使其沿支撑物顺利攀升。

(2) 防护草坪的养护管理 防护草坪的养护包括缺苗补填、视草坪草长势施肥、病虫害防治。在坡地播种草坪，易流失水分，要保持土壤一定的水分，才能保证种子发芽、幼苗生长，应采用适宜措施。

防护草坪修剪次数不多，只需维持草坪草正常生长，能防止表土被冲刷即达目标。有时也可使用化学生长调节剂，如矮壮素、乙烯利、青鲜素等来减少修剪次数，或防止草坪抽穗。

[1] 孙吉雄等．草坪学[M].2版．北京：中国农业出版社，2003.
[2] 赵燕等．草坪建植与养护[M]．北京：中国农业大学出版社，2007.
[3] 孙晓刚．草坪的建植与管理[M]．北京：中国农业出版社，2002.
[4] 鲁朝辉．草坪建相与养护[M]．重庆：重庆大学出版社，2006.
[5] 周鑫等．草坪建相与养护[M]，2版．郑州：黄河水利出版社，2010.
[6] 薛光等．草坪杂草及化学防除彩色图谱．北京：中国农业出版社，2001.
[7] 赵羌蔚等．草坪病害．北京：中国林业出版社，1999.
[8] 周兴元等．草坪建植与养护．北京：高等教育出版社，2006.
[9] 沈国辉．草坪杂草防除技术．上海：上海科学技术文献出版社，2002.
[10] 龚束芳．草坪栽植与养护管理．上海：中国农业科学技术出版社，2008.
[11] 梁伊任．园林建设工程．北京：中国城市出版社，2000.

化学工业出版社同类优秀图书推荐

ISBN	书名	定价(元)
23060	树木移植与养护技术	25
22733	林木嫁接技术图解	39
22526	植物配置与造景技术	29.8
23978	图说苹果周年修剪技术	25
23046	园林植物养护修剪10日通	26
22640	园林绿化树木整形与修剪	23
20335	园林树木移植与整形修剪	48
17074	枣树整形修剪与优质丰产栽培	19
15499	梨树四季修剪图解	18
12986	北方果树整形修剪技术	19
7536	园林树木移植与整形修剪	18
11212	果树嫁接新技术	15
13724	蔬菜嫁接关键技术	23
17879	200种常用园林苗木丰产栽培技术	29.8
11692	160种园林绿化苗木繁育技术	25
11760	园林树木选择与栽植	36
10003	园林绿化苗木培育与施工实用技术	39
5483	园林植物病虫害防治手册	69
11692	160种园林绿化苗木繁育技术	25
10003	园林绿化苗木培育与施工实用技术	39